HUODIAN JIZU YANQI WURANWU

XIETONG TUOCHU JISHU

火电机组烟气污染物
协同脱除技术

三河发电有限责任公司　组　编

王金星　郭云龙　主　编

中国电力出版社

CHINA ELECTRIC POWER PRESS

内 容 提 要

"双碳"目标的政策导向增加了原有火电机组的变工况调峰需求，与此同时，非设计工况下烟气污染物排放问题成为现阶段的重要挑战之一。

本书从火电机组烟气污染物协同脱除方面进行了系统阐述，共分 3 章，主要内容包括烟气污染物的生成与控制，燃烧器结构调控及其控制 NO_x 技术、水煤浆燃料低 NO_x 减排技术、煤粉掺烧的低 NO_x 减排技术、炉排炉内固废焚烧过程的数值模拟与 NO_x 控制、污染物的协同脱除、多种污染物联合脱除的交互影响机制、多污染物协同脱除反应强化研究、烟气污染物协同脱除的技术展望。

本书可作为电力、能源、环境、化工等相关专业的技术人员、管理人员参考用书，也可供院校能源与环境相关专业的师生学习阅读。

图书在版编目（CIP）数据

火电机组烟气污染物协同脱除技术/三河发电有限责任公司组编；王金星，郭云龙主编. —北京：中国电力出版社，2023.4
ISBN 978-7-5198-7265-6

Ⅰ．①火…　Ⅱ．①三…　②王…　③郭…　Ⅲ．①火力发电－发电机组－烟气排放－污染控制
Ⅳ．①X773.01

中国版本图书馆 CIP 数据核字（2022）第 221774 号

出版发行：中国电力出版社
地　　址：北京市东城区北京站西街 19 号（邮政编码 100005）
网　　址：http://www.cepp.sgcc.com.cn
责任编辑：孙　芳（010-63412381）
责任校对：黄　蓓　李　楠
装帧设计：赵姗姗
责任印制：吴　迪

印　　刷：三河市万龙印装有限公司
版　　次：2023 年 4 月第一版
印　　次：2023 年 4 月北京第一次印刷
开　　本：787 毫米×1092 毫米　16 开本
印　　张：9.75
字　　数：217 千字
印　　数：0001—1000 册
定　　价：98.00 元

编　委　会

前　言

　　"双碳"目标的政策导向增加了原有火电机组的变工况调峰需求，与此同时，非设计工况下烟气污染物排放问题成为现阶段的重要挑战之一。随着学者对各污染物生成机理的深入研究，逐步具备了污染物间协同调控的应用潜力。在此背景下，本书从火电机组烟气污染物协同脱除方面进行了系统阐述，分别从燃烧调控、调质调控和协同脱除三个层面深入剖析了烟气污染物脱除所涉及的关键技术，期望对火电机组烟气污染物协同脱除技术发展提供参考。

　　本书由王金星博士统筹设计和组织编著，在国电电力发展股份有限公司（以下简称国电电力）和三河发电有限责任公司（以下简称三河电厂）各位领导的大力指导和协调下，以三河电厂已完成的污染治理相关项目为依托，同时汇编了已有的成果报告（包括华中科技大学和华北电力大学科研团队的项目报告），对烟气污染物协同脱除技术进行了详尽地对比编排。重点邀请到了许宏鹏博士、李强博士，以及宋民航博士等参与部分章节的内容指导。另外，邀请到了胡錾和赵高曼等同学的辅助调研与后续的编排工作，还有三河电厂的专业技术人员及其他单位专家也参与了协作编排。

　　第1篇导论篇（第1、2章）：本篇从火电机组变工况需求背景出发，首先介绍了烟气污染物协同脱除的技术瓶颈，并详细介绍了各污染物的生成与抑制机理。

　　第2篇燃烧调控篇（第3、4章）：本篇分别从燃烧器结构改进、气体燃料掺混和水煤浆燃料三个方面，详细讲述了变工况燃烧对烟气污染物生成的影响机制。

　　第3篇调质调控篇（第5、6章）：本篇从与煤粉的固体燃料掺烧到固体垃圾掺烧，再到固体燃料调质协同作用的影响，重点论述了固体燃料组分掺混调控抑制各污染物生成机理，并对多组分固废燃烧展开研究，同时通过对炉排炉内固废焚烧过程的数值模拟重点研究了 NO_x 的生成和抑制。

　　第4篇协同脱除篇（第7~9章）：本篇对 VOCs、汞、二噁英、脱硫废水与细颗粒物，以及 NO_x 和 SO_x 间的协同脱除展开了研究，同时对多种污染物联合脱除的交互影响机制和多污染物协同脱除反应强化展开评述。

　　第5篇展望篇（第10章）：本篇对烟气污染物协同脱除技术进行了综合评论，并对后续的潜在应用方式做出了预测与展望。

　　火电机组烟气污染物协同脱除，属于新兴技术领域，覆盖面广，是一项系统性工程，且涉及的一些关键技术仍在研发攻关阶段，产业模式还有待进一步明晰，因此书中难免存在不当之处，敬请读者见谅，并给予宝贵意见。

作　者
2023 年 3 月

目　录

绪　　论

1.1　"双碳"目标的政策导向

自从 2011 年以来,中国对于燃煤电厂污染物排放的管控要求逐渐严格,针对 2030 年、2060 年前中国分别要实现"碳达峰"与"碳中和"的目标,燃煤电厂是重要的控制对象之一。2012—2013 年,中国东部地区大范围出现连续的区域性雾霾事件,给人民生产和生活带来了诸多不便,严重危及生态环境和居民健康。2014 年 6 月国务院发文要求新建燃煤机组大气污物排放接近燃气机组水平,燃煤电厂超低排放由此拉开序幕。近年来,随着国家对火电厂污染物排放标准严格化,特别是燃气机组排放标准,进而催生了燃煤电厂的超低排放。直到 2016 年 3 月 5 日,政府工作报告要求"全面实施燃煤电厂超低排放和节能改造",进一步明确与规范了超低排放和节能改造的实施要求。具体政策导向见表 1-1。

表 1-1　　　　　　　　　　超低排放顶层设计与推进政策关键节点

时间	事件	内容
2011 年 7 月	GB 13223—2011《火电厂大气污染物排放标准》	首次全面规定了燃气轮机组的排放限值(烟尘 5mg/m³、SO₂ 35mg/m³、NOₓ 50mg/m³),为燃煤电厂烟气的深度治理提供了标杆
2014 年 6 月	《能源发展战略行动计划(2014—2020 年)》	新建燃煤发电机组污染物排放接近燃气机组排放水平
2014 年 6 月	中央财经领导小组第六次会议	现役机组限期实施改造升级
2014 年 9 月	《煤电节能减排升级与改造行动计划(2014—2020 年)》	要求东部地区 11 省市新建燃煤发电机组大气污染物排放浓度基本达到燃气轮机组排放限值,即在基准氧含量 6%条件下,烟尘、SO₂、NOₓ 排放质量浓度分别不高于 10、35、50mg/m³,中部地区新建机组原则上接近或达到燃气轮机组排放限值,鼓励西部地区新建机组接近或达到燃气轮机组排放限值
2016 年 3 月	政府工作报告	全面实施燃煤电厂超低排放和节能改造
2016 年 11 月	《电力发展"十三五"规划》	300MW 级以上具备条件的燃煤机组全部实现超低排放
2018 年 8 月	《2018 年各省(区、市)煤电超低排放和节能改造目标任务的通知》	要求继续加大力度推进煤电超低排放和节能改造工作。各地方和相关企业积极响应,努力取得成效
2020 年	《煤电节能减排升级与改造行动计划(2014—2020 年)》	2020 年前,燃煤机组烟气污染物达到超低排放标准

长期碳减排已成为我国的一项重要能源政策，其动态走向如图 1-1 所示。在 2021 年之前，我国能源政策的主要导向为加快煤炭行业完成落后产能改造，建设"煤改气"工程，大力发展清洁能源[1]。而进一步分析中国能源结构可以发现，中国的风电、光伏等可再生能源占比明显增长，但比例仍然较低[2]。而 2021 年之后，尤其是"双碳"目标提出后，未来中国能源结构的转变方向可能直接从煤炭转向新能源，且煤炭仅作为保障型能源供给。"碳达峰、碳中和"目标增加了新能源电力嵌入的需求，在"双碳"目标的指导下，热电联产机组进行灵活性改造已经是大势所趋，进一步发展耦合储能技术势在必行，增加能源系统的存储能力与节能是必由之路[3]。在减少排放的同时增强对新能源的消纳能力以及逐渐建立新能源发电与燃煤热电联产机组耦合的综合能源系统对火电行业既是机遇也是挑战。

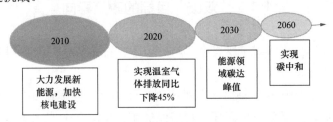

图 1-1　中国碳减排政策动态

"碳达峰、碳中和"目标要求现有能源结构进行深刻变革，提高原有燃煤热电联产机组灵活调节能力是保障新能源电力安全并网的重要内容之一。为适应全球气化变化以及我国的"双碳"工作的开展和实施，新能源电力将发挥着重要作用，也将使能源体系和电力系统迎来新的变革。尤其是，新能源电力的波动性和不确定性对原有燃煤机组的调峰能力提出了更高的要求[4]。

在"碳达峰、碳中和"目标的引导下，储能技术在电力系统的应用已形成广泛共识，在满足"源-电"匹配性、提高原有燃煤热电联产机组灵活调节能力和电网系统灵活性上扮演着重要角色。

1.2　火电机组调峰的减排难点

（1）非设计工况下污染物生成量。随着生态文明建设的不断推进，煤炭燃烧过程中污染物的排放受到了广泛关注，徐静颖等[5]对燃煤过程有机污染物的生成排放特性以及有机污染物的采样与分析方法进行了较全面的评述，并探讨了燃煤有机污染物相关研究的发展方向。在燃煤机组运行过程中，煤炭燃烧将产生较多的烟气污染物[6][7]，除氮氧化物（Nitrogen oxides，NO_x）、硫化物（Sulphur oxides，SO_x）、颗粒物等常规污染物外，还伴随有挥发性有机污染物（Volatile organic compounds，VOCs）、重金属污染物等[8]。在机组深度调峰运行过程中，火电机组在非设计工况下运行会进一步增加污染物生产量，锅炉负荷的变化会引起烟气流量、烟气流场、烟气温度以及烟气中各组分和含量的变化，从而影响环保设备的投运效率和烟气污染的排放质量浓度。例如，张绪辉等[9]研究发现，燃煤机组的参与调峰过程中，其 NO_x 污染物的排放量比未参与调峰时质量浓度明显增高。而在机组调峰过程中，实际运行参数大幅偏离满负荷下的设计运行参数，将造成烟气中的污染物生成量增加，影响尾部烟气处理设备的正常运行，降低了污染物的去除效率，同时增加了污染物的控制成本。因此，研究燃煤机组变工况下的污染物生成规律及其控制方法，对适应煤电调峰需求和烟气污染物排放高效控制具有重要意义。

（2）快速升降负荷下，污染物减排装置的响应滞后。快速升降负荷也不利于污染物减排装置的高效利用，研究发现在火电机组快速升降负荷过程中，污染物减排装置的响应滞后，从而影响了环保设备的投运效率和烟气污染的排放质量浓度[10]。例如，NO_x一直是燃煤机组运行过程中所关注的重要污染物，国家和电力行业也分别出台了逐渐严格的燃煤机组 NO_x 排放限值。在机组调峰过程中的 NO_x 排放方面，张双平等[11]采用可支持热力系统网络级仿真的 GSE 软件，搭建了某 660MW 超临界机组模型，对该机组的稳态变工况特性进行了模拟研究，得到 SCR 脱硝效率随负荷变化曲线如图 1-2（a）所示。在机组负荷从 50%THA 升高至 BMRC（Boiler maximum continue rate）工况过程中，由于 SCR 催化剂活性受温度影响，机组在升负荷过程中的 SCR 反应温度逐渐升高，使得催化剂的活性增强，对应脱硝效率由 78.90%升高至 86.98%。针对 300MW 及 600MW 燃煤机组，董玉亮等[12]基于运行数据分析，获得了两个机组在启动、正常调峰（50%～100%额定负荷）和深度调峰（30%～50%额定负荷）阶段的 NO_x 排放特性，并定义了净烟气 NO_x 排放因子 $E_{INOx}=Q_{snd}C_{NOx}/P_{el}$，其中，$Q_{snd}$ 为标态下干烟气排放量，C_{NOx} 为净烟气 NO_x 浓度，P_{el} 为机组电功率。在机组启动和运行调峰阶段，两台机组的净烟气 NO_x 排放因子 E_{INOx} 随负荷的变化关系分别如图 1-2（b）和图 1-2（c）所示，图中给出了负荷变化对 NO_x 排放的影响规律，并对比了机组启动与调峰阶段的 NO_x 排放情况。其中，由于机组自身特性及运行参数存在小幅波动，使数据分布呈现一定的离散化。可见，两台机组的 NO_x 排放因子随负荷变化规律大体接近。在 300MW 和 600MW 机组下，35%负荷时的 NO_x 排放因子比 100%负荷时分别提高了 10%和 100%附近。并且，两台机组分别在 85%负荷和 65%负荷时，NO_x 排放因子达到了最低值。此外，根据图中拟合曲线可以看出，机组启动阶段的 NO_x 排放因子要远大于调峰运行阶段，其主要原因是由于低负荷运行阶段下脱硝装置的工作效率要低于满负荷运行。

（3）污染物生成量的不确定性增加了评估减排措施的投入量。在火电机组调峰过程中，污染物的生成量随运行负荷的改变而发生变化。而污染物生成量的不确定性则增加了评估减排措施的投入量。例如，史晓宏等[13]对某电厂 300MW 亚临界燃煤机组烟气中的 VOCs 进行全流程浓度监测，研究分析了选择性催化还原脱硝、静电除尘和湿法脱硫等污染物治理设备对 VOCs 浓度的协同控制规律。图 1-3 给出了该机组典型 VOCs 的质量浓度变化情况。由图 1-3 可见，烟气流首先经过 SCR 脱硝装置的协同处理后，VOCs质量浓度产生了明显下降，而后，剩余的 VOCs 依次流入 ESP 和 FGD 装置内，由于烟气温度进一步下降导致部分 VOCs 冷凝或溶于脱硫废水，使 VOCs 的总排放量进一步降低。同时可见，在 SCR 前端，100%负荷下的 VOCs 浓度要高于 50%负荷下 2～3 倍。分这是因为燃煤机组低负荷运行时，烟气流速较低使 VOCs 在炉内滞留时间延长，参与燃烧反应的时间增加，从而降低了 VOCs 排放量。

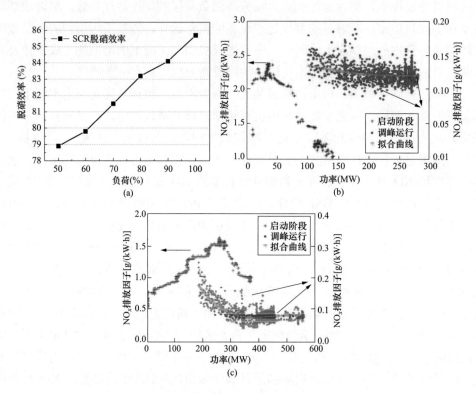

图 1-2　燃煤机组变负荷对脱硝效率的影响

（a）SCR 脱硝效率；（b）300MW 机组净烟气 NO_x 排放因子；（c）600MW 机组净烟气 NO_x 排放因子

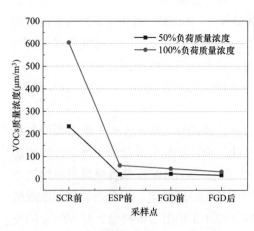

图 1-3　300MW 燃煤机组 VOCs 质量浓度变化

表 1-2 详细给出了该燃煤机组变负荷下的典型 VOCs 质量浓度[13]。可知，在 50%负荷条件下，SCR 入口端的烟气中苯、甲苯及苯甲醛浓度分别为 127.4μg/m³、39.2μg/m³ 和 22.8μg/m³。经污染物治理设备的协同处理后，其脱除效率能够分别达到 95.9%、95.2%和 74.4%。当运行负荷升高至 100%时，SCR 入口端的烟气中苯、甲苯及苯甲醛浓度分别升高至 437.3μg/m³、73.5μg/m³ 和 60.4μg/m³，说明烟气中的有机污染物浓度随着燃煤机组运行负荷的增加而大幅升高。相比于 50%负荷运行，100%负荷条件下 WFGD 后端的苯、甲苯和苯甲醛排放浓度有部分提升。通过上述研究可以发现，在火电机组快速升降负荷过程中，污染物减排装置的响应滞后，导致了污染物排放设备的投运效率下降和部分烟气污染物的排放质量浓度提高。

表 1-2　　　　　　　　　**300MW 燃煤机组典型 VOCs 质量浓度分布**

项目	50%负荷					100%负荷				
	SCR 前	ESP 前	FGD 前	FGD 后	脱除效率	SCR 前	ESP 前	FGD 前	FGD 后	脱除效率
正己烷	17.05	0.82	2.08	—		6.2	0.27	0.35	0.56	90.97%
乙酸乙酯	1.19	0.59	3.96	0.65	45.38%	—	0.1	0.17	0.13	—
苯	127.43	10.38	6.21	5.18	95.94%	437.28	48.54	32.47	19.59	95.52%
正庚烷	3.33	0.07	0.23	0.08	97.60%	4.71	0.05	0.03	0.05	98.94%
甲苯	39.3	0.65	1.48	1.88	95.22%	73.53	0.66	0.56	1.57	97.86%
乙苯	7.17	0.23	0.58	0.52	92.75%	7.87	0.14	0.12	0.2	97.46%
对/间二甲苯	3.96	0.3	0.7	0.68	82.83%	4.03	0.19	0.15	0.26	93.55%
苯甲醛	22.81	5.57	5.56	5.84	74.40%	60.44	9.09	11.19	8.84	85.37%
苯乙烯	2.59	0.34	0.67	0.45	82.63%	3.82	0.14	0.13	0.23	93.98%
邻二甲苯	6.89	0.27	0.65	0.6	91.29%	6.1	0.16	0.13	0.22	96.39%
2-壬酮	0.18	0.29	0.28	0.43	−138.89%	0.2	0.13	0.11	0.12	40.00%
十二烯	1.34	0.54	0.19	0.18	86.57%	0.74	0.11	0.05	0.24	67.57%
合计	233.24	20.05	22.59	16.49	92.93%	604.92	59.58	45.46	32.02	94.71%

注　—表示低于检出限。

1.3　协同脱除的技术突破与成效

　　近年来，烟气污染物的净化问题引起各地的广泛关注，并成为许多学者的研究热点。以固体垃圾焚烧所产生的烟气为例，随着城市垃圾无害化处理率的不断增加[14]，同时根据 2019 年修订的《生活垃圾焚烧污染控制标准》对烟气污染物排放控制要求的提高[15]，烟气污染物脱除技术的提升刻不容缓。在灵活调峰过程中，烟气污染物排放不仅浪费了大量资源，而且造成了环境的严重破坏，直接影响到生态文明建设。随着大气污染物排放标准的日益严格，对污染物控制技术水平提出了更高的要求，应分层次、系统和全面地考虑相关污染物的自身性质并结合上下游工艺路线，科学、合理地设定相关污染物排放控制的最佳工艺指标。随着对烟气污染物机理的深入研究，探索烟气污染物协同脱除已成为最具应用前景的技术之一。

　　以协同脱汞为例，协同脱汞技术是一种高效、经济地实现多种污染物协同去除的方法。目前，考虑到汞的排放特点，可与汞一起去除的主要污染物为 SO_2、NO 等[16]。赵毅等[17]检测了煤中汞的质量分数和电除尘器出入口烟气中各种不同形态的汞的质量浓度，发现低温电除尘能协同脱除 Hg^0 和 Hg^{2+}。Qiangwei Li 等[18]采用镁法脱硫协同脱汞，通过将 Co^{2+} 负载到多壁碳纳米管上的实验方法证实将 Co^{2+} 负载到 SBA-15 上时，能实现同时脱硫脱汞，具有较高的经济性。Yongpeng Ma 等[19]运用了一种同时脱除汞和 SO_2 的方法，该方法分为两步，首先是将烟气中 90%的 SO_2 用 $Fe_2(SO_4)_3$ 吸附，然后通过由 H_2SO_4、1.0%H_2O_2 和 0.1g/L $HgSO_4$ 构成的吸收溶液将剩余的 SO_2 和超过 95%的 Hg^0

脱除。该方法在协同脱汞的同时，降低了 SO_2 对脱汞的不利影响。钟犁等[20]研发了一套加入卤化物添加剂的全烟气氧化协同脱汞系统，得出结论：在入炉煤中加入卤化物添加剂后，脱硫前烟气中 Hg^{2+} 的质量分数由 30%增加到 80%，整体脱汞效率从 33%提高至 90%，烟气排放的汞质量浓度从 $2.21\mu g/m^3$ 下降至 $0.26\mu g/m^3$，具有明显的脱汞效果。以脱汞为例，图 1-4 给出了火电机组协同脱汞系统图。

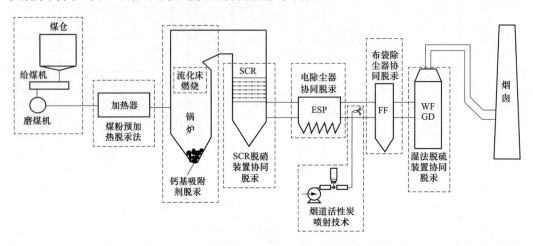

图 1-4　火电机组协同脱汞系统图

1.4　现有的污染物协同脱除的技术瓶颈

随着大气环境污染越来越严重，国家及社会对环境整治越来越重视，为此燃煤电厂污染物排放要求也日趋严格。污染物协同脱除技术主要是利用现有燃煤烟气的脱硫、脱硝、除尘设备之间可能存在的协同处理能力，使燃煤烟气达到协同处理的目的，从而进一步地降低污染物的排放。表 1-3 对常见的污染物协同脱除技术进行了总结。

表 1-3　　　　　　　　　　　常见污染物协同脱除技术对比

协同脱除技术	脱除污染物种类	具体内容
湿式电除尘技术	粉尘颗粒、PM2.5、SO_3 酸雾，汞及硫酸气溶胶等污染物	采用喷淋系统取代传统干式静电除尘器的振打系统，在集尘板上形成连续的水膜将沉积颗粒冲走，从而达到更高的除尘效率
低压温电除尘技术	为提高除尘效率，还可以去除烟气中大部分的 SO_3	通过换热系统将电除尘器入口烟气温度降低，从而提高其除尘性能
吸附剂喷射脱汞技术	汞、飞灰颗粒	在传统的活性炭喷射脱汞技术基础上，该技术在空气预热器之后、静电除尘器或布袋除尘器之前向烟道中喷入吸附剂对烟气汞进行脱除
湿法脱硫协同除尘技术	硫、飞灰颗粒	采用脱硫塔多级沸腾技术，利用浆液洗涤作用可提高烟尘协同脱除能力；通过提高喷淋量及喷淋面积覆盖率、采用高效除雾器或增加烟道除雾器技术等措施，可使协同除尘效率达到80%以上

　　目前，污染物协同脱除技术在技术考核、运行优化和技术经济环境性能等方面都还存在技术瓶颈：

　　（1）针对污染物种类常用的脱除机理和脱除最佳温度区间的差异性。多污染物协同脱除技术对不同污染物脱除的原理和效果存在差异，有相交反应的可能。需要深入探究烟气污染物一体化脱除和超低排放关键技术，以及集成工艺 NO_x、SO_2/SO_3、$PM_{2.5}$、Hg、气溶胶、CO_2 等不同烟气在装置内的形态变化、协同脱除，提出更有效、合理的解决方案。避免不同物质竞争与阻碍现象出现，努力实现相互促进、共同脱除。

　　图 1-5 分别给出了 SCR 脱硝机理、WFGD 系统反应原理、ESP 电除尘器原理及有机物催化氧化技术原理的示意图。

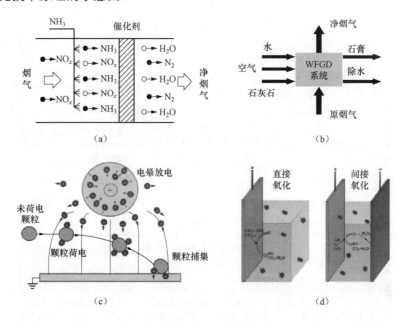

图 1-5　几种典型污染物控制技术的原理

（a）SCR 脱销机理；（b）WFGD 系统反应原理；（c）ESP 电除尘器基本原理；（d）有机物催化氧化技术原理

　　为了详细对比各类污染物控制技术的特点及性能，满足机组变负荷下污染物控制设备的运行需求，表 1-4 详细分析并对比了不同类型污染物及其控制技术的工作原理、应用效果及适用温度区间。从表 1-4 中可以看出，对于氮氧化物排放的控制、硫的脱除、重金属汞的吸收及颗粒物的脱除，相应的控制效率均可达到 90%以上，脱除效果显著。但对于有机污染物的排放控制，其净化技术的应用效果相对来说不尽理想，因此，对于有机污染物控制技术的性能优化及研究创新，就显得尤为重要和急迫。

表 1-4　　　　　　　　　　　　几类典型污染物控制技术对比

污染物种类	技术名称	工作原理	应用效果	适应温度区间
NO_x 的脱除	NO_x 协同脱除（低氮燃烧技术和烟气 SCR 脱硝技术协同）[21]	对低氮燃烧器进行改造，耦合 SCR 催化剂的再生或更换	改造后脱硝效率可达到 93.86%	300～400℃

污染物种类	技术名称	工作原理	应用效果	适应温度区间
NOx 的脱除	选择性非催化还原脱硝技术（SNCR 脱硝）[22]	不使用催化剂，将含氨基的还原剂（如氨水、尿素溶液等）喷入炉内，将烟气中的 NOx 还原脱除	SNCR 与 SCR 联用 NOx 的脱除效率可达到 70%~92%，单独使用可达到 30%~45%	NOx 的还原率最大的温度范围为 870~1000℃
	高分子非催化还原脱硝法[23]	通过气力输送将脱硝剂喷入焚烧炉，脱硝剂受热分解，与烟气中的 NOx 反应	脱硝效率高于 SCNR，低于 SCR	800~950℃
硫化物的脱除	石灰石-石膏湿法脱硫工艺[24]	石灰石磨成粉状加水制成吸收剂浆液，与烟气中的硫反应吸收脱除	脱硫效率超 99%	40~80℃
	半干法脱硫工艺[25]	在有水或水蒸气存在的条件下，Ca（OH）2 与 SO2 具有很高的反应活性	半干法脱硫工艺结合了湿法脱硫工艺和干法脱硫工艺优势，SO2 脱除效率可达 90%	55~160℃
	干法脱硫工艺[26]	在干燥环境下，采用吸收剂，通过化学反应把含有硫和硝的气体转变为干粉状产物，然后进行清除	不会产生对锅炉机组设备具有腐蚀作用的废硫和水蒸气等物质	120~180℃
	流化床炉内石灰石脱硫[27]	石灰石发生煅烧反应生成 CaO，CaO 与 SO2、O2 反应生成 CaSO4	脱硫效率达到 90% 以上	850~900℃
有机物的吸收	吸附控制技术[28]	利用吸附剂较高的比表面积及较发达的孔结构，吸附排放物中的有机气体	挥发性有机物平均脱除效率可达到 54.17%	—
	催化氧化技术[29]	该技术将挥发性有机物氧化成水和二氧化碳等无害物质	V-W-Ti 催化剂对苯的去除效率可达 75% 以上	—
	利用石灰石-石膏湿法烟气脱硫装置（WFGD）脱除有机物中多环芳烃[30]	WFGD 烟温降低，多环芳烃冷凝能够促使可凝结颗粒物中多环芳烃含量降低	可凝结颗粒物中多环芳烃的脱除效率为 30.86%	50~130℃
重金属 Hg 的脱除	石灰石-石膏湿法烟气脱硫装置（WFGD）	WFGD 对汞的综合协同脱除	对 Hg 的脱除效率可达到 97.07%	120~340℃
	燃煤机组掺烧污泥[31]	生物质燃烧过程释放较多的氯离子和碱金属化合物，有效改善烟气中 Hg⁰ 的氧化气氛	汞的脱除效率最高可达 98.8%	—
颗粒物的脱除	选择性催化还原脱硝装置（SCR）	SO2 与 NH3 反应形成颗粒物，PM10 在 SCR 中沉淀	PM1 增加 10%，PM1~2.5 和 PM2.5~10 分别降低 19% 和 17%	120~350℃
	低低温静电除尘器（LLT-ESP）[32]	飞灰与 SO3 发生凝结或硫酸盐化	对 PM10 脱除效率可达到 99.9%	90~120℃

续表

污染物种类	技术名称	工作原理	应用效果	适应温度区间
颗粒物的脱除	静电除尘技术（ESP）[33]	利用电晕放电建立起高压电场捕获烟气中的灰尘颗粒	除尘效率可达99%	300～900℃
	湿式静电除尘技术（WESP）[34]	通过水使粉尘聚集，并对其进行清除	除尘量达50%以上	40～70℃

（2）针对污染物存在形式的复杂性。由于各类污染物往往不是以单一类型存在于烟气中的，通常需要结合多种污染物控制技术来实现污染物的全面脱除净化，因此，对污染物的协同控制技术已成为我国燃煤机组降低排放污染物的主流技术路线及发展趋势。例如，通过 SCR 及选择性非催化还原技术（Selective non-catalytic reduction，SNCR）的协同耦合，能够在低成本前提下提高 NO_x 的去除效率，同时也能够促进对颗粒物、重金属等的协同脱除。采用低温省煤器耦合电除尘器技术，能够降低粉尘颗粒物排放浓度至 $20mg/m^3$ 以下，同时对 SO_3 的脱除效率达到 70%～95%，实现细颗粒物及 SO_3 的协同高效脱除。此外，通过低低温电除尘器、SCR、SNCR 及 WFGD 技术的深度协同作用，不仅能脱除烟气中的含氮、含硫颗粒物，还能对含有重金属和有机物的颗粒物进行脱除，其成本和效益要明显优于单独脱除。

本书首先从第一篇导论部分介绍了当前的"双碳"目标政策，引出了火电机组调峰的减排难点及污染物协同脱除当前的成果与技术瓶颈，接下来从第二篇到第四篇开始依次介绍了燃烧调控、调质调控以及协同脱除三个方面。在第二篇燃烧调控部分，重点介绍了燃烧器类型及低 NO_x 控制原理及技术措施，并对低 NO_x 煤粉燃烧技术进展综述研究。在第三篇调质调控部分，从与煤粉的固体燃料掺烧到固体垃圾组分掺烧，再到特点元素组分间的定量调控，重点论述了固体燃料组分掺混调控抑制各污染物生成机理。在第四篇协同脱除部分，分别对 Cl、S、PCDD/Fs 及汞、VOCs 与汞、NO_x 与 SO_x 以及脱硫废水与细颗粒物间的协同脱除展开了研究，并着重介绍了现有技术的应用情况。最后，在第五篇展望部分，对烟气污染物协同脱除研究进行了综合评论，并对后续的发展与应用方式做出了推测。

2

烟气污染物的生成与控制

2.1 概　　述

燃煤火电厂燃煤产生的污染物主要是 SO_2 和 NO_x，是酸雨和光化学污染的重要因素，对环境的危害极大。我国大部分火电厂虽然已经普遍采用了脱硝、脱硫、除尘的环保设备，实施了最新的环保改革，对烟气脱硫、脱硝和除尘方面进行了信息技术改造[35]。杜勇博等[36]氧气分压的降低会抑制燃烧中间产物 CO 的进一步氧化，从而增加烟气中 CO 浓度，得到了间接的证实。低气压还会使烟气中 CO_2 的解离率增加，导致烟气中 CO 含量增加。高海拔会导致煤燃烧 NO_x 生成量稍微增加，燃煤烟气中其余两种常见的污染物 SO_x 和烟气粉尘。张志勇等[37]利用双塔双循环脱硫技术主要是通过串联的脱硫塔增加烟气与循环浆液的反应时间，可以重氧化、重吸收。探索合理的 pH 值，以提高脱硫效率，充分发挥双塔双循环技术的优势。吸收塔处于低 pH 值运行，能够促进石膏的结晶和燃煤火电厂燃煤产生的污染物主要氧化，可实现高效脱硫。

2.2 NO_x 的生成与控制

（1）燃煤锅炉 NO_x 生成机理。煤燃烧过程中生成 NO_x 的主要途径有三个：热力型 NO_x，它是空气中的氮气在高温下氧化而生成的 NO_x；快速型 NO_x，它是燃烧时空气中的氮和燃料中的碳氢离子团（如 HC 等）反应生成的 NO_x；燃料型 NO_x，它是燃料中含有的氮化合物在燃烧过程中热分解而又接着氧化而生成的 NO_x。

原苏联科学家 Zeldovich 提出了热力型 NO 的生成机理为

$$N_2 + O \longleftrightarrow NO + N \qquad (2\text{-}1)$$

$$N + O_2 \longleftrightarrow NO + O \qquad (2\text{-}2)$$

反应式（2-1）和式（2-2）为 Zeldovich 机理，加上燃料过浓时的反应式（2-3）成为 Zeldovich 扩展机理。

$$N + OH \longleftrightarrow NO + H \qquad (2\text{-}3)$$

下面是 Hanson 和 Salimian 于 1984 年给出的反应速率系数 k [gmo/（L·s）]，各反应的正反应速率系数分别用符号 f 表示，逆反应速率系数分别用符号 r 表示，即

$$k_{1f} = 1.8 \times 10^8 \exp(-38370/T) \tag{2-4}$$

$$k_{1r} = 3.8 \times 10^7 \exp(-425/T) \tag{2-5}$$

$$k_{2f} = 1.8 \times 10^4 T \exp(-4680/T) \tag{2-6}$$

$$k_{2r} = 3.8 \times 10^3 T \exp(-20820/T) \tag{2-7}$$

$$k_{3f} = 7.1 \times 10^7 \exp(-450/T) \tag{2-8}$$

$$k_{3r} = 1.7 \times 10^8 \exp(-24560/T) \tag{2-9}$$

热力型 NO 的生成特点是生成反应速率比燃烧速率慢，主要在火焰带下游的高温区生成 NO。根据上述三个反应机理，则 NO 的生成速率 $\dfrac{d[NO]}{dt}$（gmol/m^3·s）计算式为

$$\begin{aligned}
\frac{d[NO]}{dt} &= k_{1f}[N_2][O] - k_{1r}[NO][N] + k_{2f}[N][O_2] \\
&- k_{2r}[NO][O] + k_{3f}[N][OH] - k_{3r}[NO][H]
\end{aligned} \tag{2-10}$$

式（2-10）中，[ ] 表示各成分的摩尔浓度（gmol/m^3）。这一表达式中，还需要确定 [H]、[OH] 和 [O]。

对上式 NO 的生成速率的表达式，求解过程如下：

第一步：其中 [N] 与其他成分相比非常小，在高温高氧浓度区域采用拟稳态近似 $\dfrac{d[N]}{dt} = 0$，则上述三个反应机理的 NO 生成速率为

$$\begin{aligned}
\frac{d[N]}{dt} &= k_{1f}[N_2][O] - k_{1r}[NO][N] - k_{2f}[N][O_2] + k_{2r}[NO][O] \\
&- k_{3f}[N][OH] + k_{3r}[NO][H] = 0
\end{aligned} \tag{2-11}$$

整理得

$$[N] = \frac{k_{1f}[N_2][O] + k_{2r}[NO][O] + k_{3r}[NO][H]}{k_{1r}[NO] + k_{2f}[O_2] + k_{3f}[OH]} \tag{2-12}$$

代入式（2-10）则有

$$\begin{aligned}
\frac{d[NO]}{dt} &= k_{1f}[N_2][O] - k_{2r}[NO][O] - k_{3r}[NO][H] + \\
&(-k_{1r}[NO] + k_{2f}[O_2] + k_{3f}[OH]) \frac{k_{1f}[N_2][O] + k_{2r}[NO][O] + k_{3r}[NO][H]}{k_{1r}[NO] + k_{2f}[O_2] + k_{3f}[OH]}
\end{aligned} \tag{2-13}$$

第二步：由于热力型 NO 是在火焰带下游生成的，所以除 [NO][N] 以外的其他组分均采用平衡浓度，在 NO 生成初期，由于 NO 浓度比较小，可忽略不计，即 $[NO] \approx 0$，那么代入式（2-13）则有

$$\frac{d[NO]}{dt} = 2k_{1f}[N_2][O] \tag{2-14}$$

第三步：假设 $\dfrac{1}{2}O_2 = O$ 达到平衡或局部平衡，平衡系数为 k_{fO}，代入式（2-14）则有

$$\frac{\mathrm{d[NO]}}{\mathrm{d}t} = 2k_{1f}k_{fO}[\mathrm{N_2}][\mathrm{O_2}]^{1/2} = k[\mathrm{N_2}][\mathrm{O_2}]^{1/2} \tag{2-15}$$

平衡时：$k_{fO} = 3.97 \times 10^5 T^{-1/2} \exp(-31090/T)$

局部平衡时：$k_{fO} = 36.64 T^{1/2} \exp(-27123/T)$

式（2-15）表示 Zeldovich 扩展机理 3 个反应被简化为

$$\mathrm{N_2} + \frac{1}{2}\mathrm{O_2} = \mathrm{NO}$$

该反应以反应速率系数 k 进行。按照 Zeldovich 的试验结果，$k=3\times10^{20}\exp(-54\,200/RT)$。最后，上述反应的总体反应率可表达为

$$\frac{\mathrm{d[NO]}}{\mathrm{d}t} = 2AT^{\beta}[\mathrm{N_2}][\mathrm{O_2}]^{\frac{1}{2}} \exp\left(-\frac{E}{RT}\right) \tag{2-16}$$

由此可见，O_2 浓度越高，热力 NO 的生成速率就越快，热力 NO 的生成随温度的上升而急剧增大。在实际火焰中，温度分布是不均匀的，即使是火焰平均温度低，但局部高温处所产生的大量 NO 对总的 NO 生成也起着重要的影响作用。

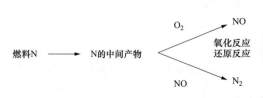

图 2-1　燃料型 NO 生成机理简图

燃料型 NO 的生成机理非常复杂，其中包括一系列化学反应，其反应机理还未完全掌握，但大都可以总结为图 2-1 形式。

可见，煤燃烧过程中氮氧化物的生成量和排放量与煤的燃烧方式，特别是燃烧温度和过量空气系数等燃烧条件有关。

对于燃煤电站锅炉，在通常的燃烧温度下以产生燃料型和热力型 NO_x 为主，是燃煤锅炉 NO_x 减排的主要控制对象。一般热力型 NO_x 占总 NO_x 的 20%～25%，燃料型 NO_x 占 72%～80%，快速型 NO_x 所占份额很小。

（2）燃煤锅炉脱硝技术。燃煤锅炉脱硝技术主要分为炉内低 NO_x 燃烧技术和炉后烟气脱硝技术两大类，其控制机理见图 2-2。锅炉低 NO_x 燃烧技术主要通过控制炉内的燃烧气氛，利用欠氧燃烧生成的 HCN 与 NH_3 等中间性产物来抑制与还原已经生成的 NO_x。炉内低 NO_x 燃烧技术主要包括低 NO_x 燃烧器、空气分级燃烧、燃料再燃和烟气再循环等。对于炉后烟气中的 NO_x，可在合适的温度条件或催化剂的作用下，通过往烟气中喷射氨基还原剂，将烟气中的 NO_x 还原成 N_2 和 H_2O。烟气脱硝技术主要包括选择性催化还原（SCR）脱硝技术、选择性非催化还原（SNCR）脱硝技术和 SNCR/SCR 混合法脱硝技术等。

（3）SCR 烟气脱销系统。SCR 系统由 SCR 区和还原剂制备区两部分组成，系统示意图如图 2-3 所示。

氨通过氨喷射器注入烟道与烟气混合，然后进入反应器，通过催化剂层，与 NO_x 发生反应。SCR 系统安装在锅炉省煤器后空气预热器前，通过上述反应减少烟气中的 NO_x 的浓度。脱硝装置的烟道及反应器位于锅炉省煤器后空气预热器前，氨气喷射格栅（AIG）放置在 SCR 反应器上游的一个合适位置。烟气在锅炉出口处被平均分成两路，

每路烟气并行进入一个垂直布置的 SCR 反应器里，即每台锅炉配有两个反应器，在反应器里烟气向下流过均流板、催化剂层，在反应器内 NO_x 与氨气发生反应，随后进入回转式空气预热器、静电除尘器、引风机和 FGD，最后通过烟囱排入大气。NO_x 一直是燃煤机组运行过程中所关注的重要污染物，国家和电力行业也分别出告了逐渐严格的燃煤机组 NO_x 排放限值。

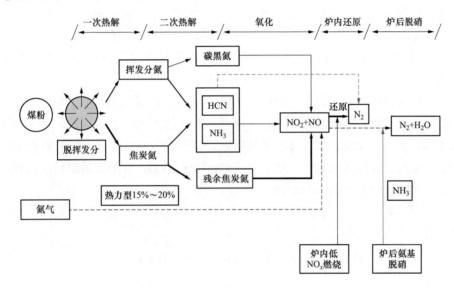

图 2-2　NO_x 生成与控制途径示意图

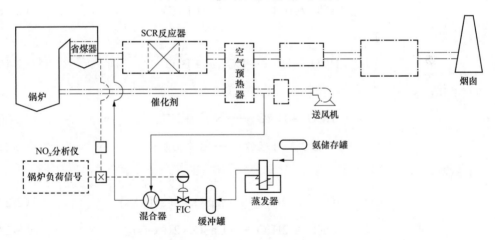

图 2-3　SCR 烟气脱硝系统示意图

2.3　SO_x 的生成与控制

（1）脱硫技术的分类。燃煤脱硫技术总体上分为煤燃烧前脱硫、燃烧中脱硫和燃烧后脱硫三种：

1）燃烧前脱硫技术主要包括通过洗选减少硫分、灰分，以降低 SO_2 排放的选煤技术、水煤浆技术、型煤技术和动力煤配煤技术等。燃烧前脱硫又称洁净煤技术，既能脱硫又能降灰，同时还可以提高热能利用效率。

2）燃烧中脱硫技术主要指向炉内喷入钙系脱硫剂的煤炭燃烧技术和添加固硫剂的型煤技术。其中，沸腾燃烧固硫方法主要是利用脱硫剂如 CaO 在床层温度下热解进行固硫反应。该方法要达到较高脱硫效果，Ca/S 的摩尔比控制较高（一般大于 10），循环流化床脱硫是一种燃烧中脱硫的主要技术之一，它能实现炉内固硫和低温燃烧，从而降低 SO_2 的排放量。燃烧中脱硫普遍存在效率不高，且有易结渣、磨损和堵塞等问题。

3）燃烧后脱硫技术又称烟气脱硫技术，其一次性投资运行费用较高，但烟气脱硫的效率较高，脱硫效果较好。

（2）湿法脱硫基本原理和工艺流程。石灰石-石膏湿法脱硫技术基本原理为：烟气进入脱硫装置的吸收塔，与自上而下喷淋的碱性石灰石浆液雾滴逆流接触，其中的酸性氧化物 SO_2 以及其他污染物 HCL、HF 等被吸收，烟气得以充分净化。浆液吸收 SO_2 后生成 $CaSO_3$，再通过就地强制氧化、结晶生成 $CaSO_4 \cdot 2H_2O$，经脱水后得到脱硫副产品—石膏，最终实现含硫烟气的综合治理。

基本反应式如下：

1）吸收：

$$SO_2(g) \longrightarrow SO_2(l) + H_2O \longrightarrow H^+ + HSO_3^- + SO_3^{2-} \tag{2-17}$$

2）溶解：

$$CaCO_3(s) + H^+ \longrightarrow Ca^{2+} + HCO_3^- \tag{2-18}$$

3）中和：

$$HCO_3^- + H^+ \longrightarrow CO_2(g) + H_2O \tag{2-19}$$

4）氧化：

$$HCO_3^- + 1/2O_2 \longrightarrow SO_3^{2-} + H^+ \tag{2-20}$$

$$SO_3^{2-} + 1/2O_2 \longrightarrow SO_4^{2-} \tag{2-21}$$

5）结晶：

$$Ca^{2+} + SO_3^{2-} + 1/2H_2O \longrightarrow CaSO_3 \cdot 1/2H_2O(s) \tag{2-22}$$

$$Ca^{2+} + SO_3^{2-} + 2H_2O \longrightarrow CaSO_3 \cdot 2H_2O(s) \tag{2-23}$$

其基本工艺流程如图 2-4 所示。

在 SO_x 排放方面，SO_x 主要包括 SO_2 和 SO_3 两大类。在 SO_2 研究方面，以采用石灰石-石膏法脱硫技术的亚临界 300MW 和亚临界 600MW 机组为对象，董玉亮等[35]研究获得了两台机组在启动、正常调峰和深度调峰阶段的 SO_2 排放特性，并定义了净烟气 SO_2 排放因子 $E_{ISO2}=Q_{snd}C_{sox}/P_{el}$，其中，$Q_{snd}$ 为标态下干烟气排放量，C_{so2} 为净烟气 SO_2 浓度，P_{el} 为机组电功率。在机组启动和运行调峰阶段，两台机组的净烟气 SO_2 排放因子 E_{ISO2} 随负荷的变化关系分别如图 2-5（a）和图 2-5（b）所示。可以看出，随着机组负荷率的降低，SO_2 排放因子稍有下降，其排放规律符合 SO_2 排放因子的定义，SO_2 排放因子与机组功率程正相关，且启动阶段的 SO_2 排放因子较调峰阶段略小。聚焦于中小型的循环流化床锅炉（Circulating fluidized bed，CFB），洪方明[36]通过对三台 150t/h CFB 锅炉的运行数据对比，分析了 CFB 锅炉常用的两种脱硫技术性能，获得了不同工况下炉内添加石灰石脱硫和石灰石-石膏湿法脱硫两类技术的脱硫效率。研究得到炉内脱硫效率为 50%～60%，能够有效降低硫排放，并缓解对低低温省煤器的腐蚀问题。而在除尘器尾部安装 WFGD 情况下，脱硫效率能够达到 96.5%～99.1%，对应 SO_2 排放浓度小于 $20mg/m^3$。图 2-5（c）对比了不同负荷下两种方法的脱硫效率变化趋势，可见，随着锅炉负荷的升高，两者脱硫效率均有小幅提升。相比之下，WFGD 的整体脱硫效率及提升趋势更为显著。

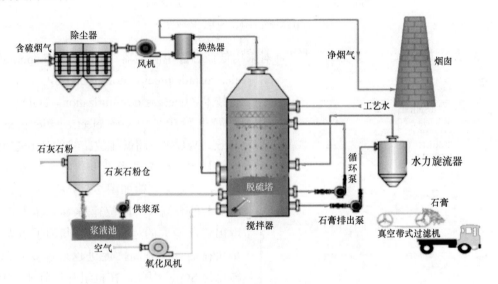

图 2-4　湿法脱硫工艺流程图

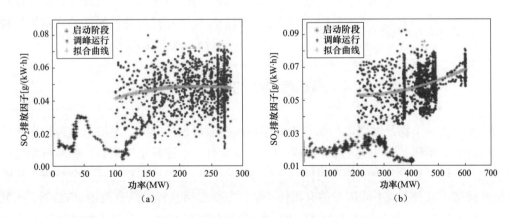

图 2-5　燃煤机组变负荷对脱硫效率的影响（一）

（a）采用石灰石-石膏法脱硫技术的 300MW 机组净烟气 SO_2 排放因子；

（b）采用石灰石-石膏法脱硫技术的 600MW 机组净烟气 SO_2 排放因子

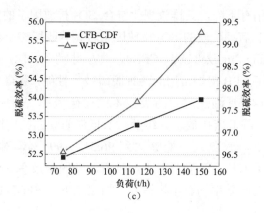

图2-5　燃煤机组变负荷对脱硫效率的影响（二）

（c）CFB 锅炉变负荷下 SO_2 脱除效率

在 SO_3 研究方面，李文华等[37]针对采用低低温静电除尘器（low-low temperature electrostatic precipitator，LLT-ESP）+烟气脱硫技术（flue gas desulfurization，FGD）+湿式静电除尘器（wet electrostatic precipitator，WESP）超低排放路线的某 660MW 燃煤机组，研究了负荷变化对 SO_3 浓度的影响，其变化规律如图2-6所示。可见，随着负荷的升高，不同位置的 SO_3 浓度均呈现出逐渐增大的趋势。这可归因于增大锅炉负荷后烟温升高，促进越来越多的 SO_2 转化为 SO_3。因此，在机组升负荷过程中，应尤其注意 SO_3 的生成问题。目前，针对变负荷下 SO_3 排放特性研究的文献报道较少，有待后续的深入研究。

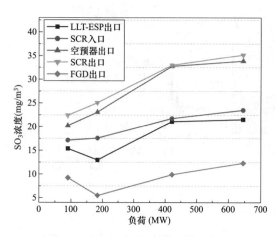

图2-6　SO_3 浓度随负荷变化情况

2.4　有机污染物的生成与控制

气态有机污染物是燃煤电厂烟气中普遍存在的非常规污染物，是城市烟霾和光化学烟雾的重要前驱体[38]。气态有机污染物种类复杂，且由于过量空气系数、燃料与空气的混合程度、燃料在设备内的停留时间等燃烧条件的限制，导致煤炭无法完全燃烧，从而产生并排放不同种类、不同浓度的有机污染物，主要包括易挥发性有机物 VVOCs、挥发性有机物 VOCs、半挥发性有机物 SVOCs 和颗粒有机物 POMs，其基本物理特性及典型组分如表2-1所示[39]。

目前，有望控制燃煤有机污染物的排放，且技术可行的方法有清洁燃烧、APCDs 协同脱除、选择性催化还原（SCR）协同催化氧化、携带流喷射吸附、移动床吸附、固定床吸附等。其中，携带流喷射吸附、移动床吸附和固定床吸附是典型的吸附控制工艺。吸附法具有成本低、见效快、去除效率高等优点，可作为应对某污染物在实际工程中突然超标时的应急措施，是垃圾焚烧尾气处理中使用投运最为广泛的控制技术，主要适用于中低浓度、高通量的挥发性有机污染物的处理[40]。

表 2-1 有机污染物分类与物理特性

种类	物理特性	典型组分
VVOCs	一般熔点低于室温，沸点 0～50℃	二氯甲烷、氯乙烯、戊烷
VOCs	常温下呈气态，一般沸点 50～250℃	甲苯、芳烃、烯烃、醛酮类
SVOCs	一般熔点高于室温，沸点 170～380℃	多环芳烃、多氯联苯类
POMs	沸点一般在 380℃以上	脂肪酸类、正构烷烃、多环芳烃类

2.5　汞等重金属生成与控制

煤炭燃烧过程中产生的重金属也是一种主要大气污染物，重金属污染物主要包括 Hg、Cd、Pb、Cr 和 As 等元素[41]。其中，汞是一种具有剧毒且易挥发的污染物，对环境和人体健康危害极大，国家标准规定燃煤电厂汞及其化合物的排放浓度应控制在 $30\mu g/m^3$ 以内[42]。目前，重金属污染物排放的相关研究，主要以汞的排放特性及控制策略研究为主。研究表明，燃煤烟气中的汞形态主要为气态氧化汞和气态单质汞，气态氧化汞约占 80%，而颗粒态汞的占比较少。针对采用 SCR+WFGD+ESP 技术路线的 3 台典型超低排放燃煤火电机组，孟磊[43]测试了烟气污染物中气态单质汞、氧化汞以及颗粒汞的排放特征，并研究了各类污染物排放控制设备（SCR 脱硝技术、淋喷空塔+高效除雾器型脱硫塔、静电除尘器）对各类汞的协同脱除效果。测试过程中，采用安大略法分别对 SCR 前后和 WFGD 前后的烟气进行取样、恢复、消解等处理，并使用全自动测汞仪（Hydra AA）对消解后烟气中的汞含量进行分析。同时，针对 WFGD 中的新鲜浆液、脱硫废水及脱硫石膏，采用原子荧光分光光度计检测液体样品中的汞含量。测量得到锅炉最大连续蒸发量分别在 54%、57%和 75%三种工况下汞的脱除效果，如图 2-7（a）所示。根据孟磊的研究可以得出，各类污染物控制设备均能够对汞的脱除起到不同程度的作用，其中，SCR 可以协同氧化烟气中的单质汞，也就是经 SCR 脱硝装置后，由于催化剂对单质汞具有氧化作用，使气态氧化汞的占比增加。而 ESP 能够对烟气中的颗粒汞进行脱除，WFGD 能够很好地脱除烟气中的氧化汞。并且，随着机组负荷的降低，汞的排放浓度也呈明显降低的趋势。

针对某 1000MW 超超临界燃煤机组，张翼等[42]同样使用了安大略法取样分析方法测定了烟气中的汞含量，并利用全自动测汞仪对废液中的汞含量进行分析。经测试得到 45%负荷和 100%负荷下的汞脱除效率，如图 2-7（b）所示。100%负荷下 ESP 对汞的脱除效率为 82.32%，远大于 45%负荷下的 59.09%，分析原因是 100%负荷下 SCR 对汞的氧化率要远高于 45%负荷下的氧化率。而在 ESP 后，45%负荷下的汞脱除效率要整体高于 100%负荷，这主要归因于二价汞易溶于水，在经过 WFGD 和 WESP 后，高湿环境下促进了对二价汞的脱除。此外，可以看到图 2-7（b）中出现一处负值点，这可能是由于高电压使汞再次释放到烟气中或烟气中汞含量少，使测量存在一定误差。

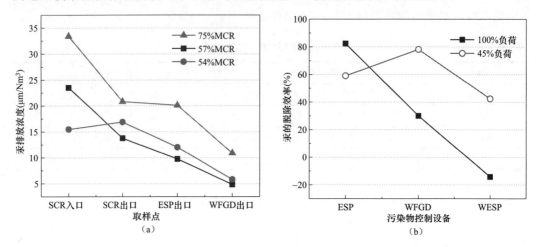

图 2-7 燃煤机组变负荷运行对汞排放浓度的影响

（a）变负荷下不同取样点处的汞浓度分布；（b）变负荷下不同设备的汞脱除效率

汞是一种易挥发的元素，煤中各种汞的化合物在温度高于 700～800℃时就处于热力不稳定状态，可能分解形成 Hg^0 并以气态形式停留于烟气中，极少部分汞随着灰渣的形成，直接存留于灰渣中。燃煤烟气中的汞主要有三种形态：元素汞（Hg^0），氧化态汞（$Hg^{2+}X$，X 表示 Cl_2、SO_4、O 和 S）和颗粒汞（Hg^p）。烟气中汞形态分布受到煤种及其成分、燃烧器类型、锅炉运行条件（如锅炉负荷、过量空气系数、燃烧温度、烟气气氛、烟气冷却速率、低温下停留时间等）和除尘脱硫系统的布置等多种因素的影响。

如图 2-8 所示，在烟气流出炉膛并经过各种换热设备后，烟气温度逐渐降低，烟气中的汞继续发生着变化。一部分 Hg^0 通过物理吸附、化学吸附和化学反应这 3 种途径，被残留的炭颗粒或其他飞灰颗粒表面所吸收，形成颗粒态的汞（Hg^p）；一部分 Hg^0 在烟气温度降到一定范围时，与烟气中的其他成分发生均相反应，形成氧化态汞（Hg^+、Hg^{2+}）的化合物，其中汞和含氯物质之间的反应是主要形式，除了含氯物质之外，其他烟气组分如 O_2 和 NO_2 等均可促进 Hg 转化成 Hg^{2+}。此外，Hg^0 在烟气中颗粒物的作用下，一部分 Hg^0 在颗粒物表面和烟气组分之间发生非均相反应生成 Hg^{2+}，这对汞形态的转化同样有着重要的作用。飞灰中的 CuO 和 Fe_2O_3 对汞形态转化起催化作用，而烟气中的 NO_2 抑制 Hg 在飞灰表面的吸附，但可以促进 Hg^0 的形态转化。

近几年研究表明，烟气中汞的形态分布主要与燃煤中氯元素含量和温度的影响有关，气相汞在小于 400℃温度下以 $HgCl_2$ 为主，大于 600℃温度以 Hg^0 为主，400～600℃之间，二者共存，不同形态汞的物理、化学性质不同。Hg^0 有较高的挥发性和较低的水溶性，较难控制，其在大气中的停留时间长达半年到两年，并且随着大气运动可以进行长距离的输运和扩散。相对于 Hg^0，Hg^{2+} 的化合物水溶性较高、挥发性较低，可以通过湿法烟气脱硫系统（WFGD）洗涤脱除，以及被飞灰等颗粒物亲和吸附形成 Hg[p]，因此利用燃煤电站现有的污染物控制装置即可达到高效脱除的目的，易于在排放源附近通过干湿沉降沉积下来。

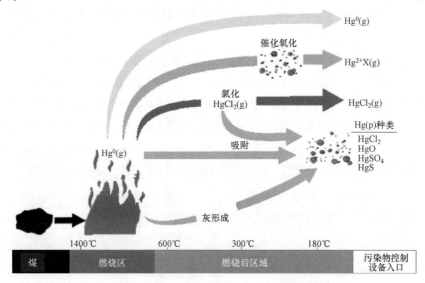

图 2-8　燃煤大气汞污染物生成及排放过程

2.6　烟尘颗粒物的生成与控制

在燃煤颗粒物核化机制方面，王翔等[44]研究了尾部湿烟气中颗粒物的核化机制，得到烟气中粒径大于 2μm 的颗粒浓度对核化速率影响显著，为低低温电除尘器优化设计提供了一定的理论支撑。在燃煤机组实际运行中的颗粒物排放方面，翁卫国等[45]对某电厂 1000MW 燃煤机组的颗粒物排放情况进行监测，获得了不同负荷下静电除尘器和脱硫塔的除尘效率。该机组采用了四电场静电除尘器和双托盘石灰石-石膏湿法脱硫技术。颗粒物测试过程中采用烟尘取样仪测试除尘器入口烟气中的颗粒物含量，使用 PM$_{10}$ 撞击器测试除尘器出口及脱硫塔出口烟气中的颗粒物分级质量浓度。图 2-9（a）为测量得到的不同负荷下的除尘效率。可见，不同负荷下静电除尘器均能实现较优的颗粒捕集效果，但是总除尘效率随着机组负荷的下降略有上升。锅炉负荷变化对除尘效率的影响主要体现在由于负荷下降后，烟气流量及对应流速发生较大幅度的下降，增加了颗粒物在除尘器内的停留时间，从而提高了对颗粒物的捕集效果。由图 2-9（a）中脱硫塔的除尘效率曲线可见，机组负荷在 50%～100%之间，脱硫塔能够达到 42.6%～49.3%的除尘效率，并且在机组负荷下降过程中，除尘效率呈明显增加趋势。脱硫塔除尘效率的增加原因与静电除尘器类似，主要是由于变负荷条件下不同烟气量所引起的，低负荷下延长了烟气在脱硫塔中的停留时间，进而提高了脱硫塔的除尘效率。

李洋等[46]研究了某电厂 1000MW 超超临界燃煤机组不同负荷下的颗粒物排放情况，在使用低压撞击器测量颗粒物质量浓度的同时，采用 X 射线荧光探针对颗粒物的化学成分进行分析。研究得到，尽管负荷变化对 ESP 前颗粒物的生成浓度基本没有影响，但由于负荷降低使矿物交互作用减弱，导致煤中矿物，包括 Na、Ca 和 S 等，向细颗粒物（PM$_{10}$）的迁移比例增加，将一定程度上增加电厂除尘的难度。同时，分析对比了变负荷下静电除尘器以及湿法脱硫和湿电系统两种不同技术路线的除尘效果。其除尘效率分别如图 2-9（b）和图 2-9（c）所示，由图 2-9（b）可知，机组高负荷运行（70%以上）时，负荷变化对 ESP 除尘效率的影响不大，但低负荷运行下的 ESP 除尘效率大幅降低。该规律与图 2-9（a）不同，在负荷降低至 600MW 时，ESP 除尘效率也相应降低。根据文献分析，该机组低负荷下的飞灰未燃尽碳含量大幅降低（由 4%降低至 0.3%），相应提高了飞灰比电阻，导致低负荷下 ESP 除尘效率略有降低。如图 2-9（c）所示，在机组结合湿法脱硫和湿电系统情况下，可进一步有效脱除烟气中的颗粒物，同时机组运行负荷降低可延长烟气在两者内部的停留时间，减少二次携带颗粒物的生成，进一步提高整体的除尘效率。

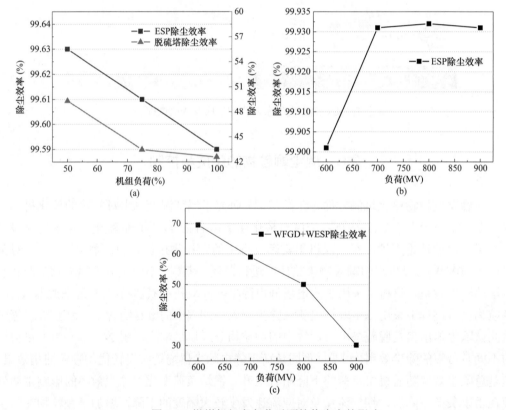

图 2-9　燃煤机组变负荷对颗粒物生产的影响

（a）变负荷下不同装置的除尘效率；（b）变负荷下 ESP 除尘效率；（c）变负荷下 WFGD+WESP 除尘效率

　　通过全自动烟尘采样仪分别对某电厂 2 号电除尘器入口、2 号电除尘器出口和 2 号脱硫塔出口处飞灰进行采样，然后通过 SEM 电镜图片分析其形貌，用 XRD 分析其成分组成，用 Mastersizer2000 激光粒度分析仪分析其粒度分布和逃逸飞灰的性状，研究其逃逸原因。

　　（1）SEM 图像。将电除尘器出口及入口处收集的飞灰制样后做 SEM 分析，为了方便观察和比较，电镜扫描时使用了不同的放大倍数。检测的部分结果示于图 2-10 中。

（a）　　　　　　　　　（b）　　　　　　　　　（c）

图 2-10　电除尘器、脱硫塔灰样

（a）2 号电除尘器入口灰样；（b）2 号电除尘器出口灰样；（c）2 号脱硫塔出口灰样

根据电镜图 2-10 可以看出：电除尘器前的飞灰形貌类型很丰富，有外形不规则的颗粒，其内部致密，表面附着有小颗粒，其能谱分析证实为石英或黏土熟料；有表面有小孔的不规则球形颗粒，含有 Fe、Ca、K 和 S 等元素，多以氧化物形态存在；有表面光滑的球形颗粒；有不规则外形且表面多气孔的炭粒。图 2-10（a）是表面破裂的近似球形的颗粒，所示的空心炭粒径较大，约 350μm，其破碎程度较小；表面有破碎的小孔，可能是由于有机物、易挥发物质的挥发或者燃烧中生成的气体喷出后形成的，且颗粒物有凸起和褶皱；进行成分测量发现，Si、Al、Fe 占了主要组成部分，另外还有 K 和 Ca。图 2-10（b）所示颗粒物是大小均匀、外表光滑规则的圆球颗粒，而且这些圆球是无孔的，圆球颗粒均是比较简单独立的个体。除了圆球颗粒也有一部分细小颗粒的聚团，以及一些粒径较大的颗粒，其粒径在 20～30μm 之间，这种颗粒出现在电除尘器出口处，是由于粉尘的二次扬尘或者窜流现象的所致，因此需要提高电除尘器的除尘性能。成分分析显示其主要成分是 Si、Al 等，并且检测到了 S；说明其产物主要是硫铁矿和一些铝硅酸盐。Huffman 等研究认为：硫铁矿可与黏土矿物和石英形成熔融的铝硅酸盐，或是经历液化氧化作用而形成 Fe-O-S 的共熔体。Mclennan 研究认为：黄铁矿与铝硅酸盐结合的铁玻璃相灰颗粒在低温时就熔化且具有黏性，在与其他颗粒碰撞后易于团聚、结合而长大。比较电除尘器入口及出口飞灰的形貌还可以看出：随着颗粒物粒径的减小，飞灰的形貌渐趋规则、光滑和均匀。图 2-10（c）所示灰样没有规则的球状颗粒，颗粒物表面粗糙属不规则状颗粒，呈细颗粒聚团和絮凝状，观察到有蒸气凝结形成的絮凝状、丝网状颗粒物。从形态来判断，应该是由蒸气均相凝结后形成的核态粒子或是蒸气异相凝结而形成。

（2）元素组成分析。利用 X 射线衍射对飞灰进行元素成分分析，主要组成见表 2-2。可以发现，不同采样点处样品飞灰元素组成成分差异很大。由该表可以看出：电除尘器出口较电除尘器入口 Fe 的重量百分比显著减少，其余元素均增加，而且出口新增加了 S、K、Ti 元素。电除尘器出口与脱硫塔出口相比，除 S 元素百分比增加外，各元素所占重量百分比几乎相当，且出现了 F 元素；两出口处飞灰主要成分都包括 Si、Al、Ca，颗粒物应该是由 Ca 以及铝硅酸盐组成。对比元素在粗细颗粒中的分布规律，可以得出：

1）元素 Si、Al 在大粒径颗粒中含量最高，随粒度减小其含量降低，尤其在小粒径颗粒中更为明显；

2）元素 Ca、S 随颗粒粒度的减小，其含量升高，尤其是 S 变化更明显，可能是因为 CaO 与烟气中的 SO$_2$ 生成 CaSO$_4$ 而吸附在有较大比表面积的小颗粒上而导致；

3）元素 Fe 和 Ti 与粒度的相关性不大。

表 2-2 　　　　　　　　　　　不同采样位置处的元素重量百分比

元素重量 采样位置	C	O	Na	Mg	Al	Si	Ca	Fe	S	K	Ti	F
ESP 入口	—	42.19	6.04	0.38	13.62	30.93	3.07	1.79	—	1.21	0.76	—
ESP 出口	7.72	38.95	0.81	0.66	15.70	19.75	5.52	5.32	3.72	0.88	0.98	—
FGD 出口	8.47	36.79	1.32	3.68	12.23	12.14	3.12	2.62	14.64	0.95	0.81	3.21

对应的谱图如图 2-11 所示。

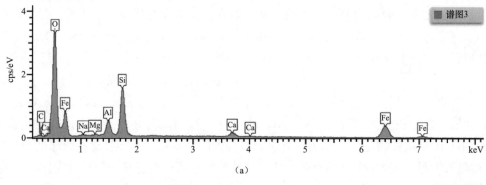

（a）

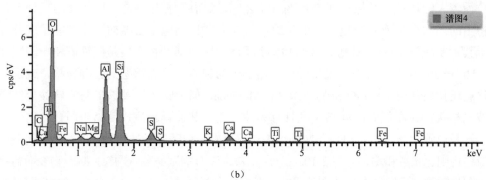

（b）

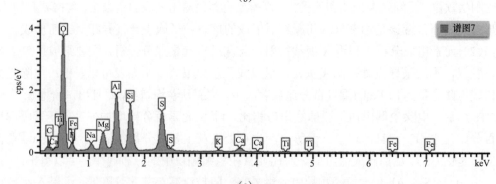

（c）

图 2-11　电除尘器、脱硫塔飞灰元素组成

（a）ESP 入口飞灰元素组成；（b）ESP 出口飞灰元素组成；（c）FGD 出口元素组成

（3）粒径分布。为了研究和比较不同粒径飞灰的特性，将在 2 号除尘器入口及出口采集的样品用 Malvern Mastersizer 2000 激光粒度分析仪做了粒径分析；测得的结果如图 2-8 所示。其中，d（0.5）的含义是右边纵轴 50 与曲线的交点所对应的横轴坐标，表示总颗粒中有 50%（体积分数）颗粒的粒径在该粒径之下，d（0.1）和 d（0.9）其含义与 d（0.5）类似。粉尘粒径分布对除尘效率有一定的影响，研究证明，带电粉尘向收尘极移动的速度与粉尘颗粒半径成正比。由图 2-12 可以看出：在电除尘器入口飞灰粒径峰值为 64.788μm，出口处飞灰粒径峰值为 2.139μm，粒度分布明显不同；电除尘器出口飞灰中细灰颗粒浓度占飞灰比例较入口显著增加，这显然说明了电除尘效率与飞灰的粒径关系很大，粒径在 2μm 左右的颗粒容易发生逃逸，细颗粒物（动力学直径小于 2.5μm）具有很大的环境活性和危害，可以长距离传输，造成大范围污染，因此要提高电除尘器的除尘性能。

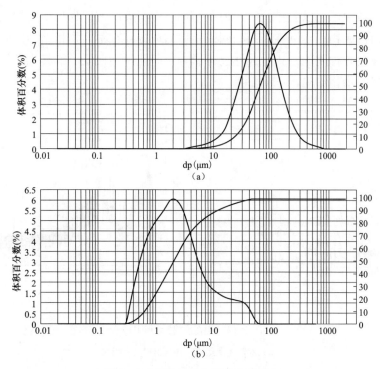

图 2-12　电除尘器灰样粒度分布图

（a）2 号电除尘器入口灰样粒度分布图；（b）2 号电除尘器出口灰样粒度分布图

用 Malvern Mastersizer 2000 激光粒度分析仪对飞灰进行分析，最后所得粒径分布、均匀性指数、比表面积等参数如表 2-3 所示。

表 2-3　　　　　　　　　　2 号电除尘器出口与入口飞灰特性参数

项目	D [4, 3]（μm）	D [3, 2]（μm）	d（0.1）（μm）	d（0.5）（μm）	d（0.9）（μm）	均匀度	比表面积（m²/g）
ESP 入口	84.511	46.284	24.399	64.788	163.526	0.706	0.13
ESP 出口	4.734	1.524	0.655	2.139	11.702	1.68	3.94

表格中 D [4，3] 是体积加权平均，为体积平均法得到的平均粒径；D [3，2] 为表面积加权平均，为面积平均法得到的平均粒径。由 2-3 可以看出，电除尘器出口的 D [4，3]、D [3，2]、d (0.1)、d (0.5)、d (0.9) 数值与入口相比，明显减小，均匀度增大，说明经过电除尘器之后，飞灰粒度减小，采集到的灰样主要为细灰；均匀度增加说明随着粒径的减小，飞灰渐趋规则、光滑和均匀。比表面积与表面积加权平均 D [3，2] 成反比，由表 2-3 还可以看出：粒径越小，比表面积越大。

（4）成分分析。对 2 号电除尘器进口及出口飞灰组成进行化学成分分析，实验选用 X 射线衍射仪，对飞灰样品进行定性分析，2θ 范围在 $0°\sim100°$ 之间，分析谱图如图 2-9 所示。由图 2-9 可见：电除尘器入口飞灰中主要晶相由石英（SiO_2）以及铝硅酸盐组成，而出口主要成分为 $KAlSi_2O_4$。由图 2-13 分析还可得知：飞灰主要由金属氧化物和非金属氧化物组成，粗颗粒中有较多硅铝氧化物和黏土矿物，而细粒中则含有较多金属氧化物；石英在粗细颗粒中都可以明显检出，但在粗颗粒中石英所占矿物相比例相当高，而在细颗粒中石英所占矿物相比例不高；相同或相似的成分存在不同物相结构，而物相结构对飞灰的性质以及各种处理方式适应性也有影响。因此，不仅要了解其化学组成，而且还要知道各组成的物相结构。

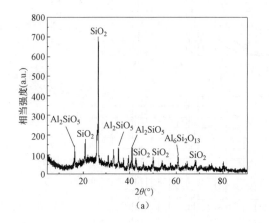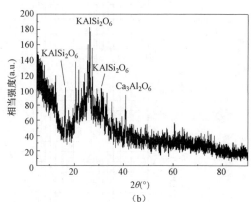

图 2-13　电除尘器飞灰组成

（a）入口飞灰组成；（b）出口飞灰组成

本节研究了低低温电除尘技术原理，对低温省煤器外烟气流场进行数值模拟，对低温省煤器材料选择、管排布置、安装位置等关键问题进行理论分析，以指导工程实践应用。

低低温电除尘技术是实现燃煤电厂节能减排的有效技术之一，进一步扩大了电除尘器的适用范围，实现高效除尘和稳定排放，满足最新环保标准要求，并可去除烟气中大部分的 SO_3，该技术在国外得到了工程实践的考验，国内已有 600MW、1000MW 等一批大型机组的成功应用案例。

本章对低低温电除尘技术的工作原理、技术特点、酸露点及灰硫比、核心问题及应对措施、国内外应用情况等进行了详细论述，旨在为我国燃煤电厂低低温电除尘技术的应用和发展提供借鉴。一般来说，低低温电除尘技术是通过在电除尘器上游设置烟气余热回收利用装置（加装低温省煤器），使烟气温度由 120～160℃下降到 85～100℃，由于温度降低使得烟气烟尘比电阻降低，同时烟气的体积流量得以减少，相应地电场烟气通道内的烟气流速也得以降低，使得电除尘效率大幅提高，从而实现余热利用和提高除尘效率的双重目的。电除尘器的性能主要受烟尘比电阻的影响，烟尘比电阻越小，除尘效率越高。统计显示，当排烟温度在 150℃左右时，烟尘的比电阻最高，当排烟温度低于100℃时，烟尘比电阻有明显的下降趋势，如图 2-14 所示。

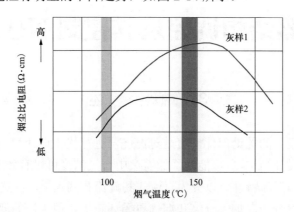

图 2-14　不同温度的烟尘比电阻变化曲线

3

燃烧器结构调控及其控制 NO$_x$技术

3.1 概　　述

　　燃烧器是锅炉设备的关键部件，通过对燃烧器进行优化设计和改进，将空气分级的理念融入额上期的设计当中，尽可能地降低着火中心氧浓度可以有效地抑制NO$_x$的生成。低氮燃烧器按照出口射流特性可以分为直流式和旋流式两大类，虽然按照控制NO$_x$的生成原理可以分为空气分级、烟气分级和烟气再循环三类，但主流的低氮燃烧器还是依据空气分级技术设计的。其中的浓淡燃烧思想应用得最为广泛，通过将煤粉分为高低浓度不同的两股气流，高浓度煤粉气流欠氧燃烧，低浓度煤粉气流富氧燃烧。在保证煤粉燃尽、燃烧效率高的同时，NO$_x$的生成量也有所降低。目前各个公司都有自己比较典型的低氮燃烧器。而其中的设计思想都是空气分级技术。比较有名的是三菱公司的 PM 燃烧器，FW 公司的旋风分离式燃烧器，B&W 公司的 PAX 型燃烧器以及哈尔滨工业大学研发的径向浓淡旋流煤粉燃烧器。对于墙式燃烧锅炉来说，采用低氮燃烧器可以使得 NO$_x$的排放水平在原先的基础上再降低 20%左右。根据西安热工院的设计实验数据，对于一个 320MW 的机组，采用低氮旋流燃烧器并配合制粉系统改造后可以将 NO$_x$的排放浓度在额定负荷下由原先的 1300～1400mg/m^3 降低到 700～750mg/m^3。

3.2　煤粉燃烧器类型

3.2.1　切圆锅炉直流煤粉燃烧器

　　直流煤粉燃烧器一般布置于炉膛的四角上，四股直流射流会以切圆的形式在炉膛中心汇合，形成一股旋转的燃烧火焰，从而在炉膛内产生涡流，有利于煤粉与空气的充分混合，如图 3-1 所示。同时这四股气流还可以起到相互点燃的作用，即煤粉气流邻火的一侧会被上游火焰点燃。这是切圆锅炉煤粉着火的主要条件。而根据煤粉特性可以将直流煤粉燃烧器一、二次风布置分为均等配风与一次风集中布置的型式。均等配风直流煤粉燃烧器适用于易燃煤，均等配风燃烧器的一、二次风喷口通常是交替排列的且喷口间距极小，这是为了让煤粉在着火后可以及时的与二次风混合保证煤粉的燃烧速度与火焰传播速度。对于难燃煤来说，适合使用分级配风直流燃烧器，分级配风是将一次风口集中布置，一、二次风喷口的间距比较大，这是因为难燃煤着火困难，一、二次风过早混合会使得着火不稳定，所以推迟了煤粉气流与二次风的混合，在燃烧的不同时期适当送入适量空气保证煤粉的稳定着火与燃尽。

需要特别注意的是，切圆锅炉在运行中很容易发生气流偏斜而发生火焰贴墙的问题[47]。其中有以下 3 种原因。

（1）相邻气流的撞击。从燃烧器喷口射出的射流会受到上流气流的撞击，从而使得射流产生偏斜，一般来说撞击点越靠近喷口则偏斜的现象就越严重。

（2）补气对偏斜的影响。射流射出后会保持一定的高速度，这就会卷吸附近的烟气从而使得射流附近的压力降低，迫使其他地方的烟气进行补充。如果射流两侧的压力不相同就会产生压力差使得射流向炉壁偏斜，产生结渣。

（3）多层布置会增大旋涡直径产生火焰贴墙。当燃烧器采用多层布置时上下层气流会相互卷吸，使得气流旋涡直径不断扩大，远远超过假想的切圆直径，出现火焰贴墙的现象。

3.2.2　典型电站锅炉旋流煤粉燃烧器

图 3-2 给出了三种典型电站锅炉旋流燃烧器的结构示意图。针对采用外层淡煤粉气流包裹中心浓煤粉气流的中心给粉旋流燃烧器，在燃用难燃低挥发分煤种时，降低负荷

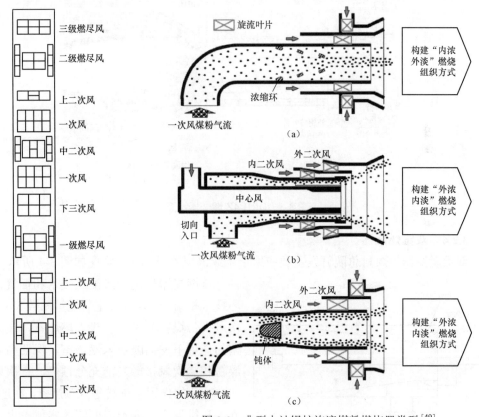

图 3-1　切圆锅炉直流
煤粉燃烧器[48]

图 3-2　典型电站锅炉旋流煤粉燃烧器类型[49]

（a）中心给粉旋流煤粉燃烧器；（b）LNASB 轴向旋流燃烧器；

（c）强化点火双调风旋流燃烧器

将推迟煤粉气流的着火，但仍能在40%负荷附近维持稳定燃烧，并伴随着较小的炉内负压波动。在强化高温回流区促进稳燃方面，通过设置钝体及利用高速旋转气流可构建低压区卷吸高温烟气形成回流。具体可根据实际需求，构建单一高温回流区，或以上几种方式的多级组合回流区，用以强化高温烟气回流的稳燃效果。

3.2.3 双调风旋流燃烧器[50]

双调风旋流燃烧器一次风入口设置有锥形扩散器，起到浓淡分离的作用。一次风出口装有齿状稳焰环，可推迟一次风与内二次风的混合，内外二次风轴向进入，通道内设置可调旋转叶片并采用滑动闸阀控制流量。

如图 3-3 所示的 DRB-4Z 燃烧器在原有基础上增加了过渡区直流风，利用过滤区的作用，相当于在煤粉喷嘴出口处增加同心的一个直流射流扰动。过渡区出口产生回流，形成一层可供氧略低的过渡区，延迟一次风主气流与内二次风的混合，进一步降低 NO_x 生成量。该燃烧器和燃尽风结合使用，可使 NO_x 排放量降至 197～246mg/m³，过渡区的大小可通过调节装置进行调节。

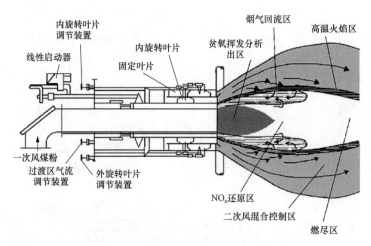

图 3-3 DRB-4Z 燃烧器示意

3.2.4 双锥燃烧器[50]

双锥燃烧器由煤科总院开发主要应用于工业锅炉领域，其示意图如图 3-4 所示。

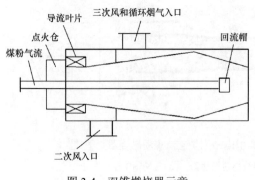

图 3-4 双锥燃烧器示意

该燃烧器采用分级配风技术和烟气再循环技术相结合，只占总空气过量系数 5%的一次风携带煤粉从中心管进入燃烧室，在回流帽的作用下逆向喷射入燃烧室，保证高浓度煤粉和二次风接触之前充分预热，二次风在切向叶片的作用下旋转进入预燃室，在逆喷、旋流和锥形空间内形成回流区实现着火和稳燃。一、二次风风量不多于总助燃风量的80%，使得燃烧先在缺氧的条件下进行，在弱氧化性气氛中降低 NO_x 生成率，在燃烧稳定后再将部分低温低氧循环烟气与三次风混合送入燃烧器的空冷夹套作为预燃室的冷却介质参与换热并从喷管敞口喷出，与预燃室内产生的烟气在锅炉的炉膛内混合，以提供完全燃烧所需的空气量，最终在空气过量系数大于 1 的条件下完全燃烧，氮氧化物的排放量小于 $300mg/m^3$。

3.3　NO_x 的排放机理与控制措施

3.3.1　燃烧器 NO_x 生成原理

氮氧化物主要是指由一氧化氮（NO）和二氧化氮（NO_2）组成的化合物。在燃烧过程中，NO_x 的形成过程主要有以下两种路线[51]：第一是煤中的杂环氮化物有机的结合产生化学反应并发生热分解效应，进一步的氧化而生成了 NO_x；第二是在高温的燃烧状态中，空气中本身含有的氮气与氧气发生化学反应生成 NO_x。在大量的实验研究的基础上，人们发现煤在燃烧中生成的 NO_x 可分为热力型、快速型和燃料型三种，其生成机理并不相同。

（一）热力型 NO_x

热力型 NO_x 的生成过程是一个链式反应，其反应机理如下

$$O_2 + M === 2O + M \tag{3-1}$$

$$O + N_2 === NO + N \tag{3-2}$$

$$N + O_2 === NO + O \tag{3-3}$$

$$N + OH === NO + H \tag{3-4}$$

对于热力型 NO_x 来说，最主要的影响因素是温度和氧浓度。当炉膛温度超过 1330℃，NO_x 的生成量会迅速地增加。而氧浓度则影响 NO_x 的生成速率，其生成速率与氧浓度的平方根成正比。

（二）燃料型 NO_x

对于煤燃烧产生的氮氧化物来说，其中的 70%～80% 都来自燃料型 NO_x。煤中的氮化合物在燃烧中通过氧化还原反应生成 NO_x。但必须指出的是，煤中的氮化合物存在挥发分氮和焦炭氮两种形式。对于由挥发分氮形成氮氧化物的途径：在燃烧初期挥发分氮形成多种胺，在氧化气氛中，多种胺进一步氧化生成 NO。而焦炭氮则通过氧化反应生成氮氧化物。对于燃料型 NO_x 来说，氧浓度对其生成效率的影响最大，过量空气系数越大越能加速燃料型 NO_x 的生成速率。一般来说，燃料型 NO_x 的生成温度范围为 750℃～1000℃[52]。这个温度范围比炉膛火焰的温度要低，这说明了燃料型氮只要达到了热解温度就会分解并产生 NO_x。

（三）快速型 NO_x

快速型 NO_x 是费尼莫尔在实验中发现的，其生成原理为煤在高温下分解成 CH 原子团随后与空气中的氮气反应并在氧气的作用下进一步的生成 NO_x。快速型 NO_x 的反应时间极短。但是相比于燃烧型 NO_x 和热力型 NO_x 的生产量来说是很少的，一般占全部 NO_x 的 5% 以下。

3.3.2　燃烧器 NO_x 控制措施

燃烧器 NO_x 控制原则主要是通过各种可行技术在煤粉气流火焰的部分区域产生缺氧

燃烧环境。目前存在低氧燃烧技术和空气分级燃烧技术两种 NO_x 控制措施[53]，低氧燃烧主要是通过对氧气浓度的调整，使燃烧尽可能在理论空气量的条件下进行，从而达到降低 NO_x 的目的。但低氧燃烧在降低 NO_x 排放的同时也会出现其他的新问题，比如会使得炉膛成为还原性气氛，大大增加炉壁结渣的可能性，同时炉膛的燃烧效率也会有所降低。而空气分级技术的核心是降低燃烧中心的氧气浓度，从而抑制 NO_x 的生成。空气分级技术按二次风射流方向分为垂直分级和水平分级两种形式，垂直分级的二次风喷口布置于燃烧器上方并存在一个较大的距离，从而迫使燃烧器区域在燃烧末期氧气量减少，实现 NO_x 的排放控制。而水平分级则是使二次风射流偏离燃烧中心，减少燃烧中心的氧气含量从而减少 NO_x 的生成。但是需要注意的是，无论是低氧燃烧技术还是空气分级技术都是通过降低氧气含量使得煤粉不充分燃烧所达到控制 NO_x 的目的，但这也使得不完全燃烧产物增多，都会带来炉膛结渣和热效率降低的问题。

对于不同燃烧器来说，采用空气分级技术实现缺氧燃烧方式并不同。对于直流燃烧器来说，主要采用的是浓淡煤粉燃烧技术[54]，该技术将煤粉气流强行分离成两股煤粉浓度不同的气流从而使得射入炉膛的两股煤粉气流分别在缺氧环境下燃烧和富氧环境下燃烧。在缺氧燃烧下，燃烧温度低，热力型 NO_x 和燃料型 NO_x 的生成量减少，而富氧燃烧下，因为煤粉浓度低，燃烧温度也不高，所以 NO_x 的生成量也相应减少。而对于旋流燃烧器来说则更多地采用双调风结构实现对燃烧中心氧气浓度的控制。双调风结构将二次风分为内二次风和外二次风，这样可以延长燃烧时间，降低燃烧中心温度同时也有利于燃烧稳定和 NO_x 控制。

3.4 低 NO_x 煤粉燃烧技术研究进展

3.4.1 对冲锅炉直流煤粉燃烧器

直流煤粉燃烧器低 NO_x 燃烧技术可以分为空气分级、加装稳燃体和炉膛布风三种路线。

（1）浓淡煤粉燃烧技术。通过分离的方向不同，可以分为水平浓淡燃烧方式和垂直浓淡燃烧方式两种。水平浓淡燃烧是将高浓度的煤粉气流喷向火侧，而低浓度的煤粉气流喷向侧，形成一个内浓外稀的着火区域。垂直浓淡煤粉燃烧技术是将煤粉浓度沿着垂直方向进行一个浓淡分离，在燃烧器前加装一个弯头，由于惯性作用，煤粉会自然而然地进入上方浓度高的喷口，从而达到了浓淡燃烧的效果。图 3-5 为中心富燃料直流煤粉燃烧器结构示意。

（2）加装稳燃体。在燃烧器喷口处加装稳燃体可以起到稳定燃烧和强化着火的效果。如果加装特定形状的稳燃体还可以改变燃烧器附近煤粉的浓度。使得高浓度区域先进行燃烧，从而产生分级燃烧的效果。

（3）炉膛布风。采用空气分级技术会使得燃烧器附近为还原性气氛。而在还原性气氛下飞灰熔点降低，极易使得水冷壁结渣。解决办法是在炉底布置风口，使空气沿炉壁上升，使水冷壁始终处于氧化性气氛之下。同时也能让煤粉完全燃烧。

3.4.2　对冲锅炉旋流煤粉燃烧器

旋流燃烧器的低氮技术一般是燃烧器＋燃尽风的组合。将燃尽风喷口布置在燃烧器上方。在燃烧器区域完成欠氧燃烧后，再通过燃尽风喷口完成煤粉的燃尽。其核心思想依然是空气分级技术。系统风量的合理分配和燃尽风喷口的合理设计都是低氮燃烧的关键。如果在燃烧器喷口附近的过量空气系数偏低，则意味着 NO_x 的控制效果极好，但是煤粉极易燃烧不完全，燃烧效率会下降。而过量空气系数过高的话则无法保证低氮燃烧。对于易燃煤种，可以将燃烧器喷口区域的过量空气系数调低，而对于难燃煤来说则需要将过量空气系数调低。燃尽风喷口布置也是十分的关键。燃尽风的布置具有多种形式，可以在燃烧器上方布置一层，也可以在炉膛的四面墙上都布置燃尽风喷口，无论喷口怎么布置，为了使得燃尽风可以穿透燃烧区，风速都尽可能高。图 3-6 为 OPCC 型旋流燃烧器结构。

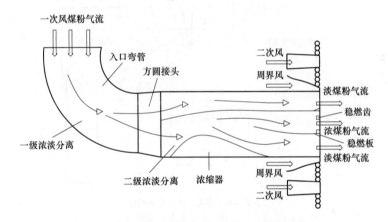

图 3-5　中心富燃料直流煤粉燃烧器结构示意[55]

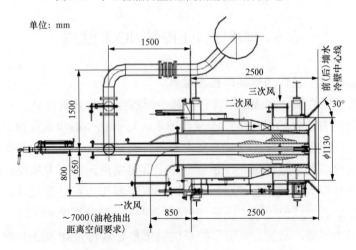

图 3-6　OPCC 型旋流燃烧器结构[56]

3.4.3　W 火焰锅炉煤粉燃烧器

由于 W 火焰锅炉的炉膛特点使得火焰行程长，刚度大，在对燃烧器进行低氮燃烧改造的同时也要兼顾煤粉着火时间和火焰刚度的问题。只有煤粉着火时间提前，才能够保证煤粉的燃尽率同时给后续 NO_x 控制提供便利，加长火焰行程也可以让煤粉在炉膛中具有足够长的停留时间，使得燃烧经济性不至于因低氮燃烧而降低。通过采用高低速燃烧器可以满足提高火焰行程的要求。高低速燃烧器是在燃烧器喷口中心安装钝体使得射出的煤粉气流产生内外两层。如图 3-7 所示。内层煤粉气流浓度低速度快，外层煤粉气流浓度高速度慢。这样可以使得外层煤粉先行着火燃烧的同时内层的高速气流又保证的射流刚性。在合适的行程下引入二次风可以使得煤粉产生浓淡燃烧抑制 NO_x 的生成。

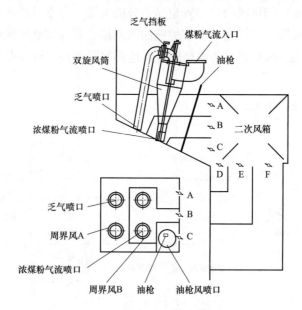

图 3-7　FW 技术 W 火焰锅炉燃烧系统示意[57]

3.5　煤粉掺 NH₃ 降低 NO_x 的生成

3.5.1　NH₃ 的性质及作为燃料的技术难点

（1）NH_3 燃料的性质。在我国电力行业减少燃煤电厂的 NO_x 排放迫在眉睫，掺烧低碳或零碳燃料是很有前景的燃煤电站碳减排技术，可以大幅减少碳排放。氨（NH_3）作为一种清洁氢载体燃料和良好的储氢介质，是一种类似氢气（H_2）的新型零碳燃料[58]，同体积下液氨所含氢元素是液氢的 1.6 倍，由于其可实现远距离大规模运输和跨区域调配，解决了氢能难以大规模储运的瓶颈。同时，氨燃料作为新型替代燃料，在发动机、燃料电池和工业炉等领域已受到广泛重视，氨煤混烧技术日益受到关注。

具有特殊的"零碳、富氢、高氮"特点的氨燃料燃烧特性如表 3-1 所示，表明氨燃料具有体积能量密度高和辛烷值高等优点。氨燃料也存在一定不足，其蒸发潜热高且可燃极限范围较窄，现有研究主要关注并探究了氨-煤掺烧中氮氧化物的形成和排放问题[59]，掺烧氨会引入大量燃料氨而带来 NO 排放风险。氨的生产来源非常广泛，可以利用太阳能、风能、生物质能等可再生能源生产，特别是我国的氨生产工艺技术和基础设施已经非常成熟，氨作为重要的化工原料已经长期大规模生产。因此在我国的能源系统转型中，氨作为新一代的无碳储氢燃料极具发展潜力。

表 3-1　　　　　　　　　　　氨与其他燃料燃烧特性对比

参数	NH$_3$	H$_2$	CH$_4$
含氢质量分数（%）	17.8	100.0	25.0
常压液化温度（℃）	−33.4	−253	−161
常压液化压力（MPa）	1.03	70.00	25.00
自燃温度（℃）	657	500～577	586
可燃体积比	0.63～1.40	0.1～7.1	0.5～1.7
比热容比	1.320	1.410	1.320
最低着火能（MJ）	8.000	0.011	0.280
绝热火焰温度（℃）	1800	2110	1950
体积能量密度（液态）（MJ/m^3）	11 280	8520	9350
蒸发潜热（kJ/kg）	1370.0	445.6	510.0

（2）NH$_3$ 与煤粉掺烧的技术难点。掺烧 NH$_3$ 会影响燃煤机组运行的安全性。NH$_3$ 的爆炸极限在空气中为 16%～25%，与煤粉相比对其设备的防爆要求等级更高，因此需要提高就地电气设备的防爆等级。同时，空气中 NH$_3$ 质量浓度超过 0.037mg/L 时有异味，NH$_3$ 质量浓度大于 1.2mg/L 后刺激感强烈，需将空气中 NH$_3$ 质量浓度控制在 0.03mg/L 以下，对 NH$_3$ 储运系统提出了很高的防泄漏要求[60]。除此之外，当 NH$_3$ 掺入质量分数小于 80% 时，随着 NH$_3$ 掺烧比例的增高，烟气中的水蒸气分压逐渐增加，对燃煤机组普遍增设的低温烟气余热回收系统会造成不利影响。

掺烧 NH$_3$ 发电会增加燃煤机组污染物排放。NH$_3$ 燃烧后不产生灰分，但与煤粉掺混烧后会产生大量亚微米级的微细颗粒，且 NH$_3$ 与煤粉"抢风"会导致飞灰可燃物含量增加。此外，NH$_3$ 燃烧效率过低、NH$_3$ 逃逸量大时会导致灰渣中的氨含量过高，影响灰渣的利用。尽管解决氨泄露的问题已成为众多学者探讨的焦点，Saratuyaa[61] 等在燃用医疗垃圾以及生活垃圾的锅炉中采用氨水喷射的 SNCR 技术，最终烟囱中的 NH 含量都很低，最高只有 16.5mg/Nm，但是如何更有效地控制 NH 的泄漏仍然有待于更进一步的研究。

掺烧 NH$_3$ 发电会降低燃煤机组的效率。由于烟气比焓增加导致排烟热损失增大，掺烧 NH$_3$ 后的锅炉热效率均随掺烧比例的增大而降低。穆进章[62] 等研究 300MW 的煤气、煤粉混烧锅炉，发现煤粉混烧发电锅炉在使用中不仅煤气的掺烧量增加不上去，影响经济效益，而且出现了结焦、爆管等对安全稳定运行威胁的问题。

3.5.2　NH$_3$ 与煤粉掺混燃烧特性机理研究

NH$_3$ 与煤粉掺混燃烧，NH$_3$ 先于煤粉达到着火点，将煤加热后促进挥发分的生成、释放和燃烧，使得挥发分火焰长度和温度增加。同时，由于挥发分和 NH$_3$ 组成的混合可燃气体的总量增加，燃烧过程需要更多氧气，从而会导致稳定阶段的挥发分火焰高度增加[63]。此外，NH_3 还能通过影响温度、碳氢组分浓度、O_2 浓度等因素改变煤热解及挥发分释放行为，有利于挥发分向碳烟转化，从而导致生成的碳烟浓度升高。

在 NH_3 与煤粉掺混燃烧系统中，由于 NH_3 具有抑制 NO_x 生成的效果，NO_x 的生成浓度低于单独燃烧煤粉。值得注意的是，NO_x 的生成量与 NH3 掺烧比例有很大关系，同时受到氨掺烧方式、炉膛结构等因素的影响。在 NH_3 掺烧比例保持定值的条件下，NH_3 注入位置与方式的差异也会影响生成 NO_x[64]。当 NH_3 注入位置与注入方式为理想状态时，NH_3 可以与已有的 NO_x 发生还原反应，NH_3 自身也会更少被氧化生成 NO_x，从而更大程度地转化为 N_2。另外，注入 NH_3 时会导致火焰温度降低，从而减少热力型 NO_x 的生成。因此，将 NH_3 注入燃烧器出口等还原气氛强、气体温度高的区域通常有利于减少 NO_x 的生成。

煤粉的燃尽与 NH_3 燃料掺烧引起的温度、气氛等变化密切相关，燃尽情况会进一步影响飞灰中未燃尽碳含量。同时 NH_3 燃料燃烧也可能产生未燃尽 NH_3 或 N_2O 排放的风险。有研究显示大掺氨比下未燃 NO_x 含量会随掺混比增多而持续增多，因此对未燃碳、未燃 NO_x 和 N_2O 的探究仍须重视。若将 NO_x 进行分级燃烧，同时从燃烧器中心及侧壁按照合适的比例注入，配合适当的空气分级，则有望实现未燃尽碳及未燃尽氨协同控制[65]。

3.5.3 NH_3 与煤粉掺烧的应用进展

氨最早的能源利用出现在 19 世纪，通过中外学者的不断努力，现已实现了氨的消纳和燃料化利用。氨的利用对促进低碳电力发展，实现电力碳达峰、碳中和提供了重要价值和方向，作为化学储能的一种形式，还可促进可再生能源的开发利用。其是具有较高能源密度的化学燃料，运输技术已趋近成熟，可适用于各种场景。近年来我国已日益重视氨能源的发展利用，更在《能源技术革命创新行动计划（2016—2030 年）》将氨列入能源技术革命的重点创新行动路线，以此推动氨等物质储运技术的发展[66]。

（1）NH_3 与煤粉掺烧组织方式。NH_3 和煤粉混合燃烧的燃烧与火焰传播特性探究、燃烧火焰形态及辐射特性、关于 NO_x 生成与排放的特性[67]。其中，在 Nagatani 与 Ishii[68]实验中，在氨燃料通过煤粉燃料中心位置的管道时，延迟加入的煤粉着火导致或为位置原理燃烧器出口，将燃烧器参数调整才能够做到着火位置回复到煤粉单独燃烧的位置。

Nakatsuka 与 Akamatsu 等[69]采用层流对冲式燃烧器，对单颗粒煤粉在煤氨掺烧时的燃烧行为进行研究，分析了煤粉与氨掺烧时，对单颗粒煤粉脱挥发分和碳烟形成过程的影响。研究发现，当氨煤掺烧时，煤粉颗粒周围挥发分分布区域增大，且在煤衍生挥发性物质和氨燃烧作用下煤粉呈现出旋转行为。

Xia，Hadi 与 Fujita 等[70]对氨与煤粉颗粒群混合燃烧的湍流火焰传播行为进行研究，采用了定容燃烧弹装置结合 OH 自由基成像技术，探究了氨当量比对氨与煤粉颗粒群掺烧湍流火焰传播速度的影响，结果发现在所有湍流强度和当量比条件下，氨-煤粉云掺烧时的火焰传播速度均大于煤粉云单独燃烧。

　　NH_3 与煤粉掺烧时可采用正压直吹式制粉系统和四角切圆燃烧方式，由于 NH_3 易燃特性，燃烧器被允许有 $30°$ 的摆动调节，机组配备亚临界、一次中间再热、单轴、双缸双排汽、反转、凝气式汽轮机等设计[71]。

　　（2）NH_3 与煤粉掺烧应用效果。NH_3 与煤粉混燃可大幅降低电站锅炉排碳量，以此达到减碳的路径。由 NH_3 作为可再生能源的载体，实现在不同领域的碳减排，以此缓解不可再生能源化石的依赖，具有巨大的发展潜力和前景[64]。日本电力公司在水岛发电厂早在 2017 年进行了初步的氨煤掺烧测试。其氨以 450kg/h 的速度连续添加到 155MV 燃煤电厂中，掺混比例在 0.6%～0.8%，降低了 CO_2 排放量[72]。FAN 等[73] 在固定床系统上采用空气分级燃烧技术，研究了氨添加对无烟煤、烟煤和褐煤燃烧的 NO 排放影响。研究指出无氧气氛有利于氨在燃烧段还原 NO，氧气存在时加氨会提高煤粉燃烧的 NO 排放量。ZHANG 等[74] 模拟了氨与煤在 8.5MWth 燃烧器中的共燃过程，试验指出氨掺混比例为 10% 时燃烧最剧烈，飞灰中未燃碳最少，但烟气中 NO_x 含量较高。袁金燕等[75] 以一维降炉为模拟的分级燃烧的实验分析中展现出，NH_3 煤粉混合比对燃烧温度有一定影响。随着 NH_3 掺烧比例增加，炉膛内可达到的最高温度呈现出先增大再减低的趋势，当主燃区温度最高时，NH_3 的掺入比例为 40%。江鑫等[76] 针对不同浓度氨在燃煤锅炉特性和工况进行分级研究，通过调整混氨方式、优化空气分级燃烧工况等大幅降低 NO_x 的排放浓度。在王一坤等[71] 在大比例掺烧 NH_3 的影响研究中指出，在大比例掺烧后，燃煤机组温度上升，锅炉热效率下降，同时能满足受热面布置换热需要。

　　（3）NH_3 与煤粉掺烧技术探讨。

　　1）燃烧基础理论。目前，对氨-碳氢燃料混合燃烧的燃烧基础理论研究大多集中于氨与小分子气体燃料的混合燃烧方面，对于氨与煤、生物质等固体大分子碳氢燃料的混合燃烧行为认识尚十分缺乏。其中主要分别从燃烧、火焰、污染物生成与排放等特性进行探讨。

　　2）技术系统开发、优化及工业示范。燃煤火电机组进行掺氨改造，须全面考虑锅炉燃烧设备、烟气处理等大量装置的匹配和优化。目前，针对高浓度、大比例掺氨情形的低污染物掺氨-煤粉燃烧器设计及炉膛燃烧策略仍缺少探究。现如今，不少国家已经通过工业尺度的试验探究了燃煤锅炉掺烧氨气的技术可行性，该技术已实现大幅度减排的最具潜力技术发展方向。

3.6　H_2 与煤粉掺烧的应用进展

3.6.1　H_2 与煤粉掺烧组织方式

　　氢燃料是一种零碳排、应用形式多样的清洁能源，有望成为推动中国能源转型的重要力量之一[77]。每年化工厂的煤制油工艺生产会伴随大量高热值可燃尾气的副产品产生[78]，其中含有大量 H_2（55%～60%）的焦炉煤气属于高热值煤气，并且在燃烧过程中具有燃烧速度快、燃点较低等特性。

　　煤粉与气体燃料混燃所呈现的燃烧特性必然会影响锅炉辐射换热量与对流换热量的

分配份额，进而对锅炉主蒸汽温度和再热蒸汽温度产生影响。因此，研究煤气混燃和对锅炉热量分配的影响十分重要。梁占伟[79]等通过实验研究了高炉煤气和焦炉煤气热量掺烧比协同分级配风对锅炉主蒸汽、再热蒸汽吸热量的影响。实验表明掺烧焦炉煤气会使各级主蒸汽、再热蒸汽受热面的总吸热量均相对减少，这主要是因为增加焦炉煤气热量掺烧比会强化煤粉的燃烧，有利于煤粉的着火和燃尽且提高炉膛温度，增强炉膛内的辐射换热。同时，逐渐增加焦炉煤气的热量掺烧比会使烟气量不断减少。除此之外，煤粉与氢气掺烧可与原煤中的硫元素反应以去除，使煤炭中原有的化学键断裂起催化裂解的作用[80]。

3.6.2　H_2 与煤粉掺烧应用效果

对于 H_2 与煤粉掺烧的效果，中外学者都进行了研究和分析。在两者的掺烧工艺中，经济效益一项就有较大成功，如一年向电站输送 5000Nm³/h 氢气进行掺烧，可节约下 14 744t 标准煤，即每年节约 639.88 万元[81]左右。

贾培英与殷亚宁[82]在利用氢气代替部分燃料而与煤粉掺烧的实验中，分析了在不同比例掺烧下氢气对锅炉下性能的影响。对于不同比例的 H_2 掺烧元素综合分析，进行 BMCR 工况下的热力计算研究中发现，掺烧氢气后锅炉的排烟温度受水分影响较大，锅炉会随着水分的增加表现出放热滞后对流特性的增强。在此情况中，极易造成过热器和再热器喷水量增大，排烟温度升高。

通过热力计算分析 H_2 对锅炉的性能影响发现：随着掺烧比例增加会导致锅炉效率逐渐降低；锅炉过热器喷水有较大幅度增多且再热器有少量喷水；在一定掺烧比例下，锅炉面壁温水平与初始水平相当；锅炉排烟温度与原设计相比有所提高。华意国和骆富杰[83]，通过实施电站循环流化床锅炉富含氢气的掺烧技术改造中达到了较高的效益，进行能源的有效利用。在平衡 H_2 回收成本的同时还能节省电厂燃煤的使用，以此提高发电功效，降低发电成本，最终提高企业综合效益。

由目前所研究材料分析显示，H_2 与煤粉掺烧技术对 NO_2 排放减排、环境保护、用电厂经济效益等方面的平衡与稳定有着促进作用。

3.6.3　H_2 与煤粉掺烧技术探讨

煤粉与氢气混合燃烧技术，其相关研究国内外报道还很有限。在煤粉与氢气掺烧时，既要保证锅炉运行经济性，又要保证锅炉运行指标良好。由于煤粉和氢气的性质不同，需要考虑分析掺烧后锅炉水冷壁高温腐蚀、NO_x 的排放量等问题。通过对问题的分析，为改造可行性提供理论依据。下面主要探讨煤粉与氢气在循环流化床锅炉和亚临界煤粉锅炉中的应用。

针对循环流化床锅炉，由于氢气易燃易爆，国家对氢气使用有严格规定，同时需要保证掺烧时氢气纯度达到要求，避免出现混燃爆炸事故，启动前必须进行管道的吹扫和置换将煤粉与氢气混合燃烧。循环流化床锅炉氢气掺烧技术改造，可以节省锅炉煤炭消耗，降低了污染排放，并且可以提高锅炉设备及整个电厂的经济效益和能源利用率，具有一定的推广应用价值。

针对某 300MW 亚临界煤粉锅炉，用氢气代替部分燃煤与煤粉掺烧的实际应用，分析其对锅炉性能的影响。通过热力计算分析掺烧氢气对锅炉的性能影响：随着掺烧比例的增加，锅炉效率逐渐降低；控制在一定的掺烧氢气比例情况下，锅炉受热面壁温水平与原设计相比基本相当；锅炉排烟温度相对原设计略有升高。氢气代替部分燃煤与煤粉掺烧，减少了 NO$_x$ 的排放量，同时取得了较好的经济效益。

目前，国内外关于煤粉与氢气掺烧燃烧技术的研发仍处于探索阶段，基础研究、中试研究以及示范研究等均有许多问题亟待深入探讨、分析和解决，以期早日实现煤炭等化石能源的高效、清洁利用。

水煤浆燃料低 NO$_x$ 减排技术

4.1 概　　述

　　水煤浆是一种煤基洁净环保燃料，既保留了煤的燃烧特性，又具备类似燃料油的物理特性，具有低污染，高效率等特点。目前，大型电站锅炉中的水煤浆应用技术已经成熟，其燃烧效率和锅炉效率均能达到煤粉燃烧的水平，可以替代煤炭、石油和天然气，并减少二氧化硫和氮氧化物的排放。水煤浆制备过程中的洗选加工使浆体燃料中含灰量和含硫量均大幅下降。同时由于理论燃烧温度较低，而且可以通过分级燃烧和配风，形成局部缺氧燃烧，从而使得水煤浆燃烧时的氮氧化物排放水平总体低于普通煤粉燃烧。本章首先给出了水煤浆燃料的燃烧特性，接着分析了水煤浆燃料实现低 NO$_x$ 减排的原理，之后列举国内水煤浆燃料低 NO$_x$ 减排应用案例和效果分析。在水煤浆低 NO$_x$ 减排案例中，首先列举了水煤浆锅炉 NO$_x$ 减排效果与应用，这也是国内水煤浆燃烧最早的应用。随着国家环保标准提高，水煤浆循环流化床 NO$_x$ 超低排放技术也开始推广，本章列举了国内不同企业的技术和案例。最后，在水煤浆中掺烧固废，不仅可以利用固废的热值，而且达到环保减排的效果，本章也列举了几个典型案例。

4.2　水煤浆燃料燃烧特性

　　水煤浆一种煤基液态燃料（见图 4-1），具有与燃料油相似的物理特性，是煤炭高效清洁利用的一个重要途径，具有低污染、高效率等特点。水煤浆由煤、水和添加剂组成，一般煤的干基含量大于 60%，它具有类似油的流动性和稳定性，可以很方便地泵送、运输和储存，主要用于气化和燃烧。由于其制备过程和成分特点，水煤浆既保持了煤炭原有的物理化学特性，同时又具有和石油类似的流动性、稳定性和雾化特性[84]。水煤浆的工艺流程相对简单，投资成本少，作为燃料油的替代燃料具有很好的实用性和商业价值。水煤浆可以用于电站锅炉和工业锅炉，替代石油、煤炭和天然气，并减少二氧化硫和氮氧化物的排放[85]。水煤浆也是一种重要的气化原料，通过气化技术变成合成气（主要成分为氢气、一氧化碳、二氧化碳和甲烷等），可用于生产氨、甲醇、二甲醚和烯烃等化学产品，也可用于间接液化煤制油，联合循环发电等领域[86]。20 世纪 70 年代由于世界石油危机,西方发达国家投入大量人力和物力对水煤浆制浆、煤泥制浆、水煤浆长距离管道输送和大型电站燃烧水煤浆等做了大量深入细致的开发和试验,水煤浆技术较为成熟并进入大规模工业应用。近年来,我国煤气化技术特别是水煤浆技术应用不断完善和发展,已达到世界先进水平。截止到 2019 年,据不完全统计,我国煤气化所需的水煤浆已突破 2 亿 t/年,锅炉燃烧水煤浆也突破了 3 千万 t/年[87]。

图 4-1　水煤浆燃料

　　水煤粉燃料的燃烧是一个复杂的物理化学过程(见图 4-2),主要有:燃烧室内水煤浆射流解体成液滴、液滴与环境之间的传热、挥发分(煤热解后释放的复杂有机化合物)的释放和燃烧、固体残碳的燃烧(主要是氧气、二氧化碳、水蒸气等扩散到焦碳表面进行反应)。水煤浆燃烧过程不仅要考虑燃料的特性,还要考虑燃料燃烧方式(主要是雾化燃烧和流化燃烧)、燃烧室设计等外部条件,例如分析燃烧室的空气动力学和液滴在气流中的运动条件等。

　　水煤浆燃烧技术按照燃烧方式,可分为雾化燃烧和流化燃烧[88]。中国水煤浆燃烧技术研究与开发是从雾化燃烧开始的。雾化燃烧是用雾化介质(压缩空气或饱和蒸汽)将水煤浆分离成为一定细度的颗粒或颗粒群后,再进行燃烧的过程。良好的雾化效果是水煤浆稳定、高效燃烧的前提条件。该种燃烧方式燃烧效率高,技术成熟,是目前广泛使用的燃烧方式之一,但燃烧方式对水煤浆的质量要求较高,对制浆煤种也有一定的限制。随着水煤浆制浆煤种的扩大,出现了利用流化燃烧原理而开发的水煤浆流化燃烧,该方式不需雾化,经过分料器将水煤浆流体均匀洒落到床层(石英砂)中,利用流化床燃烧原理实现高效燃烧。此燃烧方式的优点在于对水煤浆的粒度、煤质要求比较低,而且可

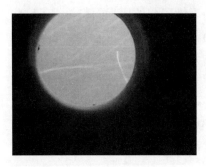

图 4-2　水煤浆在锅炉中燃烧

以实现多种低品质燃料的混烧,但该种燃烧方式也具有电耗大、受热面磨损严重、启动点火慢及运行工况要求严格控制[89]缺点。随着制浆优质煤种的消耗和短缺,流化燃烧可能成为将来水煤浆锅炉燃烧普及应用的重要技术。

　　目前,国内外的成功商业运行实例证明水煤浆在代油燃烧方面具有很好的经济性,同时也能达到燃烧效率和锅炉效率的改造要求。大型电站锅炉中的水煤浆应用技术已经成熟,其燃烧效率和锅炉效率均能达到煤粉燃烧的水平[90]。许多研究者也在循环流化床锅炉中对水煤浆燃烧进行了研究,并提出了新的悬浮流化燃烧方式。在工业锅炉和工业窑炉方面,水煤浆技术也体现出了巨大的潜力和经济效益,但由于炉型差别和结构的不同,需要在保证水煤浆供应和性质稳定的条件下进行系统性的设计。

4.3 水煤浆燃料实现低 NO_x 减排的原理

煤浆制备过程中的洗选加工使浆体燃料中含灰量和含硫量均大幅下降，燃烧后产生的飞灰和 SO_2 原始排放量低于一般的燃煤锅炉。同时由于理论燃烧温度较低等原因，从而使得水煤浆燃料燃烧时的氮氧化物排放水平总体低于普通煤粉燃烧[91]。由于水煤浆雾化浆滴蒸发过程中煤粉颗粒的结团作用，使得水煤浆燃烧产生的飞灰颗粒物的质量平均直径通常大于普通煤粉燃烧，因而使得其烟气中的飞灰颗粒物更容易脱除和捕集，从而减少了最终排放量。而在氮氧化物排放方面，除了水分蒸发造成的部分还原作用之外，水煤浆的理论燃烧温度比相同煤质的煤粉燃烧低 100℃ 左右，抑制了热力型 NO_x 的生成；同时其雾化燃烧特性又为分级燃烧配风提供了良好合理的条件，从而可以通过分级燃烧控制燃料型 NO_x 的生成[92]。

循环流化床锅炉是一种清洁煤燃烧技术，常规循环流化床锅炉可实现低成本炉内脱硫，达到 SO_2 排放小于 200mg/Nm³，并可在燃烧过成中实现低氮燃烧，达到 NO_x 排放小于 200mg/Nm³[93]。在此基础上，可进一步实现超低排放。清华大学以岳光溪院士为首的团队，提出循环流化床技术的三轴流态化图谱，使循环流化床锅炉达到可靠性-低能耗-超低排放的统一[94]。循环流化床锅炉的炉内燃烧特性可将燃烧温度设计在 850℃ 的水平，不但可以进行炉内高效低成本脱硫，常规情况下使二氧化硫排放小于 200mg/Nm³，且可以保证在此温度下燃料的高效燃烧。此外，循环流化床锅炉的炉内工况有利于低氮燃烧。低温燃烧和分级燃烧在下炉膛形成强烈的还原区，可有效抑制 NO_x 的生成，常规循环流化床锅炉可使 NO_x 排放小于 200mg/Nm³[95]。

燃水煤浆循环流化床与普通燃煤流化床锅炉低氮燃烧机理一样，都属于低温燃烧（燃烧温度 850～900℃），燃烧所需的空气分一、二次风送入，保证炉膛下部属于缺氧燃烧[96]。水煤浆热解时，由于水分的蒸发和挥发分的析出而导致水煤浆滴的爆裂，使得焦的微孔数目增多，产生了附加的孔隙和表面积，从而增大了焦的比表面积。对于这些附加的孔隙，其中部分是因为打开了原先封闭的孔，而其余部分则是因为将原先开口的孔扩大而得。因此，水煤浆中水分的增加除了影响挥发分中还原性物质的释放之外，水蒸气可以对焦进行活化，进一步提高比表面积、孔容积和微孔数目，进而提高焦的异相还原 NO 的反应能力。据有关研究，在快速热解条件下，1000℃ 下制得水煤浆焦的比表面积要远远低于 900℃ 下的比表面积，同时发现 600℃ 热解条件下得到的煤焦对 NO 的还原能力最强。循环流化床锅炉炉膛温度一般低于 900℃，燃水煤浆循环流化床低温特性使其 NO_x 原始排放比普通燃煤锅炉更低[97][98]。

4.4 水煤浆燃料燃低 NO_x 减排效果与工程应用

4.4.1 水煤浆锅炉 NO_x 减排效果与应用

水煤浆锅炉的发展从某种意义上来讲就是各式锅炉改造成水煤浆锅炉的过程以及水

煤浆技术的发展过程。在国外水煤浆技术在电站锅炉的应用受到普遍重视。美国等西方国家多年来亦从不间断地进行水煤浆燃烧的研究工作，并作为一种技术储备。日本、瑞典、意大利、前苏联等国家建立数个水煤浆加工厂，部分锅炉经过改造后相继改烧水煤浆并已进入商业应用阶段[99]。我国于 20 世纪 80 年代初开始水煤浆的研发工作，并于 1983 年 5 月在浙江大学试验台架上首次实现水煤浆稳定燃烧[100]。经过多年的摸索和发展，我国的水煤浆产业已取得了长足的进步。国内较早应用水煤浆锅炉的电厂有山东白杨河电厂、广东茂名热电厂、北京燕山石化第三热电站、广东汕头万丰热电厂、广东南海发电一厂等 5 家企业。

无论是煤粉工业锅炉还是水煤浆工业锅炉，均采用集中制粉（浆）、分散燃烧的利用模式。由于进料方式及燃料燃烧特性的不同，工艺技术及系统装备采用了不同的技术路线，但核心技术均包括高效燃烧器。煤粉制备采用常规的制粉技术，将原料煤磨制成所需粒度即可。而煤粉锅炉系统的核心技术是高效煤粉燃烧器及煤粉储供装置，同时还包含锅炉本体、烟气净化、热力、自动化测控、惰性气体保护、油气点火、压缩空气等子系统。水煤浆制备多采用低阶煤级配制浆新技术，可有效提高低阶煤的成浆浓度。水煤浆锅炉系统的核心技术是高效水煤浆燃烧器，同时也包括储存、供应、锅炉本体、燃料油点火、压缩空气、自动控制、烟气净化等子系统单元。目前水煤浆工业锅炉已涵盖 2～1670t/h 的各类蒸汽锅炉、热水锅炉和热载体锅炉[101]。

在效率、负荷调节能力及污染物排放方面，煤粉锅炉的燃烧效率不小于 98%，热效率不小于 90%，较传统锅炉节煤 30%左右；负荷调节能力一般在 70%～100%内可调。水煤浆锅炉多采用雾化燃烧方式，近年来也有部分水煤浆锅炉采用流化燃烧，其燃烧效率不小于 98%，热效率不小于 85%；负荷调节能力强，最大可在 30%～110%内可调[102]。从单个对比数据来看，水煤浆锅炉的燃料费用是燃煤锅炉的约 1.14 倍，但水煤浆锅炉排向大气的烟尘、二氧化硫、氮氧化物比燃煤锅炉大致削减，即 32.2%、85.0%和 57.5%[103]。在安全生产方面，煤粉的制备、运输、存储过程中需要增加了防爆、报警、阻燃等一系列装置，如温度探测器、抗静电装置、低压 CO$_2$ 系统等可有效防止煤粉自燃及粉尘爆炸的危险。水煤浆在常温条件下非常稳定，无自燃、自爆的可能，因此其储运过程相当安全。水煤浆锅炉执行的是当前锅炉安全生产规定。

2001 年，汕头万丰热电厂对 2 号燃油锅炉（220t/h）实施改烧水煤浆工程并成功投产成为我国第一台燃油设计锅炉改烧水煤浆的电厂[104]。改造内容包括水冷壁、下降管、燃烧器、尾部受热面及吹灰除尘、燃料辅助系统等。锅炉改造后可在 80%负荷下全烧水煤浆或在 100%负荷下全烧油也可以水煤浆和燃油混烧锅炉烧精煤水煤浆时效率可达 91%以上改造后和燃油时的燃料成本比较降低了 30%以上。改造投入在 2 年内回收，起到了很明显的经济效果。当该电厂采用燃低热值、低挥发分水煤浆时，虽存在着火时间后移、锅炉负荷和效率下降的问题，但能稳定燃烧，燃烧效率在 97%左右，锅炉效率 90%左右。在低挥发分燃料和高挥发分燃料价格差距大到一定程度的时候，低热值、低挥发分水煤浆仍然具有一定程度的适用性和经济性。

在水煤浆锅炉 NO$_x$ 排放规律和降低 NO$_x$ 排放方面，浙江大学岑可法院士团队对一台

220t/h 水煤浆锅炉进行一系列实验研究[105]。该团队提出了优化浆温和雾化蒸汽压力，适当降低预热空气温度和优化吹灰次数和时间等优化运行方式来实现水煤浆燃烧的低 NO_x 排放。结果显示燃料型 NO_x 是水煤浆燃烧过程中 NO_x 生成的主要来源。水煤浆温度和雾化蒸汽压力对 NO_x 排放也有一定影响，低浆温和高雾化压力可以降低 NO_x 排放，但是水煤浆温度过低，黏度增大，不利于水煤浆的输送和雾化，雾化压力过高会影响水煤浆的着火和稳定燃烧，同时烟气中的水蒸气多会使排烟热损失增加。因此，综合考虑锅炉效率和 NO_x 排放，水煤浆温度在 50℃左右、雾化蒸汽压力在 1.6MPa 左右比较合适。在不影响燃烧的情况下，低氧量运行有利于降低 NO_x 排放的质量浓度。

在日益严苛的排放标准下，部分水煤浆锅炉需要增加 SCR 装置，进一步减少 NO_x 排放，以满足更高的排放标准[106]。汪文哲等对某热电公司新建 1 台 260t/h 高温高压水煤浆锅炉进行了低氮燃烧和后处理研究，工艺流程如图 4-3 所示[107]。低氮燃烧技术通过控制炉膛局部区域的燃烧气氛、燃烧温度与停留时间，生成中间产物 HCN 与 NH_3，来抑制与还原已经生成的 NO_x。将部分助燃空气从燃烧器区域分离出来，通过燃烧器上方的喷口送入炉内，在炉膛高度方向形成空气分级燃烧，维持火焰下游足够长的还原停留时间，是配合燃烧器控制炉内 NO_x 生成的重要措施。水煤浆锅炉低氮燃烧为一次性投资，无运行维护成本，可以有效降低氮氧化物浓度，是目前控制锅炉氮氧化物最经济有效的措施之一。在运行时，配以燃烧调整和氧量控制，NO_x 的排放浓度能达到低于 400mg/Nm³ 的要求，在锅炉尾部装设 SCR 装置，使氮氧化物排放值低于 100mg/Nm³。

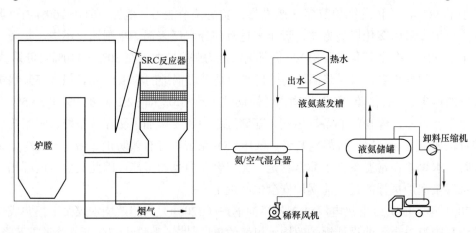

图 4-3　水煤浆锅炉+SCR 工艺流程图

南海发电一厂的 670t/h 水煤浆锅炉在降低 NO_x 排放方面作出了有益的探索[108]。该锅炉采用了空气、燃料双分级低 NO_x 燃烧技术，其垂直分级配风如图 4-4 所示。空气分级燃烧也叫分级配风，是目前广泛采用的一种低 NO_x 燃烧技术。其原理是通过把空气分级送入炉内，降低燃烧区的氧浓度，使燃料着火及燃烧区形成缺氧（低氧）燃烧的条件，达到降低燃烧强度与燃烧区温度来抑制 NO_x 的生成。燃料分级也就是再燃技术：在主燃区投入 80%～85%的燃料，在过量空气系数 $\alpha>1$ 的条件下，燃烧并生成 NO_x；在再燃区，其余 15%～20%的燃料（即再燃燃料）在 $\alpha<1$ 的条件下形成碳氢基 CH_i，形成很强的还

原性气氛。从而使来自主燃区的 NO_x 还原成 N_2，同时还能抑制新的 NO_x 生成。最后，未燃尽物在燃尽区充分燃烧。水煤浆因为自身的特点，即具有较好的再燃脱硝作用。因此，作为再燃燃料具有良好的应用前景，不必另外增设再燃燃料系统，可以降低成本。

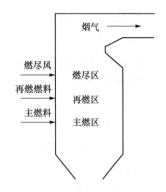

4.4.2　水煤浆循环流化床 NO_x 超低排放案例

目前，国内不止一家企业生产的水煤浆循环流化床锅炉声称能达到超低排放。太原锅炉集团的成志建等指出，其开发的 70MW 燃水煤浆循环流化床锅炉达到如下指标：烟尘排放浓度不大于 5mg/m³；SO_2

图 4-4　锅炉垂直分级配风示意图

排放浓度不大于 35mg/m³；NO_x 排放浓度不大于 50mg/m³[109]。该锅炉的总体布置如图 4-5 所示。

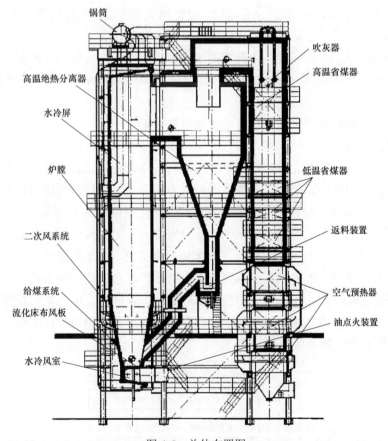

图 4-5　总体布置图

该锅炉主要由炉膛、绝热旋风分离器、自平衡回料阀和尾部对流烟道组成。炉膛采用膜式水冷壁，锅炉中部是绝热旋风分离器，尾部竖井烟道布置了光管省煤器，省煤器下部布置一、二次风空气预热器。在燃烧系统中，给煤系统将水煤浆送入造粒器后进入炉膛，锅炉燃烧所需空气分别由一、二次风机提供。一次风机送出的空气经一次风空气预热器预热后由风道引入水冷风室，通过水冷布风板上的风帽进入燃烧室；二次风机送出的风经二次风空气预热器预热后，通过分布在炉膛前后墙上的喷口喷入炉膛，补充空气，加强扰动与混合。燃料和空气在炉膛内流化状态下掺混燃烧，并与受热面进行热交换。炉膛内的烟气（携带大量未燃尽碳粒子）在炉膛上部进一步燃烧放热。夹带大量物料的烟气经炉膛出口进入绝热旋风分离器之后，绝大部分物料被分离出来，经返料器返回炉膛，实现循环燃烧。分离后的烟气经转向室、高温省煤器、低温省煤器及一、二次风空气预热器由尾部烟道排出。

在超低排放方面，青岛特利尔公司的孙云国等指出，其最新的 70MW 水煤浆循环流化床锅炉的热效率可以大于 90%；氮氧化物原始排放浓度即可达到超低排放标准小于 50mg/Nm³；炉内脱硫率可达 95%，与国内普通燃煤循环流化床锅炉相比，其热效率提高了 5%，一次风机节电 30%，综合电耗降低 13%；与链条炉燃煤锅炉相比，可提高锅炉热效率 15% 以上[110]。与燃煤锅炉相比，水煤浆循环流化床锅炉不仅具有明显的节能优势，且从根本上降低原始 NO_x、SO_2 排放，并可避免采用炉后脱硫脱硝产生的二次污染；同时可大幅度降低炉后脱硫、脱硝等环保设施投资及运行成本。2017 年 3 月，经山东省环保监测中心测试，在脱硝设备未开启的条件下，仅靠炉内低氮燃烧控制，其开发和改造的水煤浆循环流化床锅炉的氮氧化物排放值为 35.4mg/Nm³，低于超低排放要求的 50mg/Nm³。

4.4.3 固废和生物质水煤浆环保减排案例与效果

水煤浆循环流化床掺烧污泥，可以减少污泥的环境污染，同时充分利用有机污泥的热值[111]。污泥焚烧是利用高温将污泥中的有机物彻底氧化分解，最大程度地达到减量化和无害化，是当前污泥处理中最彻底的处置方法之一。焚烧最大优点是可以迅速和最大程度地使污泥减容，能够充分地处理不适宜资源化利用的部分污泥[112]。目前，在发达国家污泥的焚烧处置已经得到了相当广泛的应用，丹麦 24%，法国 20%，比利时 15%，德国 14%，美国 25%，日本 55% 的污泥都采用焚烧处置。在水煤浆的制备过程中，以含有大量水分的污泥代替水来制备水煤浆，可以利用污泥固体物质中占的有机物的热值，并实现污泥无害化处理。在水煤浆中掺杂生物质，可以降低发电机组的碳排放，有利于实现双碳政策。同时，在碳税等条件下，在水煤浆中掺杂生物质可以实现一定的经济价值，图 4-6 所示为生物质原料的分类。

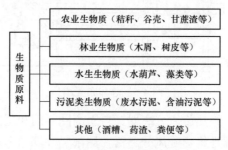

图 4-6　生物质原料的分类

污泥和生物质的掺入一般会降低水煤浆的浓度，需要进一步研究其影响。水煤浆的浓度，本书主要是指可制浆浓度或最大成浆浓度，以表观黏度达 1Pa·s 时的煤浆浓度来衡量（20℃和 100s^{-1} 测试条件）。污泥和生物质的种类繁多、性质各异，广义来说，污泥也可以包含在生物质范围内，大致分类如下图所示。表 4-1 和表 4-2 列出了几种污泥和生物质的工业分析和元素分析，可以看到相比干煤粉污泥和生物质原料含有大量水分，且有较高的挥发分，较低的固定碳，以及相当于原煤大致 30%~70% 的热量（干基条件下）。由于本身含有大量水分，掺入污泥和生物质会降低水煤浆的浓度。污泥和生物质对于水煤浆浓度的影响是不同的，对于农业、林业、水生生物质，其主要特点是：颗粒内部水分多、粒度作用不明显、颗粒间互相分散；而对于污泥类生物质，其主要特点是：颗粒间水分束缚、颗粒细易级配、颗粒间互相吸引。因此，在研究和处理污泥和生物质水煤浆时，需要采取不同的预处理手段、筛选对应的添加剂、研究各自的作用机理。

表 4-1 各类污泥的工业分析和元素分析

材料	工业分析（%）				元素分析（%）					发热量 $Q_{gr,d}$/（MJ·kg^{-1}）
	M_{ar}	A_d	V_d	FC_d	C_d	H_d	N_d	$S_{t,d}$	O_d	
煤制烯烃含油污泥	83.00	46.83	42.75	10.42	29.01	1.31	2.45	0.74	19.66	10.58
废水处理厂污泥	78.69	43.4	54.82	1.78	37.39	4.42	1.33	0.99	12.47	16.75
煤气化污泥	95.53	15.12	61.98	22.9	49.19	5.84	8.12	2.04	19.69	20.35

表 4-2 煤和生物质的工业分析和元素分析

材料	工业分析（%）				元素分析（%）					发热量 $Q_{b,ad}$/（MJ·kg^{-1}）
	M_{ad}	A_{ad}	V_{ad}	FC_{ad}	C_{ad}	H_{ad}	N_{ad}	$S_{t,ad}$	O_{ad}	
实验用煤	1.16	13.04	28.92	56.88	70.16	3.74	1.30	0.75	9.85	28.91
实验稻秆	8.85	8.40	66.11	16.64	41.44	5.94	0.92	0.16	34.33	16.63
水葫芦	10.26	14.13	52.37	23.24	32.00	4.28	1.10	0.41	37.82	12.30

在污泥水煤浆工业应用方面，国内做了一些有益的实验，并取得了较好的结果。严伟等采用苏州直污水厂污泥制备污泥煤浆，分析和验证了循环流化床处理污泥水煤浆的可行性[112]。研究表明污泥的掺入不影响流化床锅炉的焚烧发电过程。通过二噁英等污染物排放的前期试验结果，并对比污泥-煤泥焚烧工艺进行比选，其污泥掺加的最佳泥煤泥比是 20%～30% 添加率。通过现场试验的制浆效果可以判定，80% 含水率的污泥和 23% 含水率的煤泥能够混合调制成水煤浆，调制后的水煤浆的流动性、均一度等指标能够满足流化床锅炉的燃烧条件。孙国云等通过理论计算表明，水煤浆掺混 30% 污泥，可实现每年无害化处理城市污泥 160 000t，可满足一个城市污水站产生的污泥，且能充分利用城市污泥所含热值 12.4×10^{13}J，折合节煤 4117t 标煤[110]。

根据环境保护法，所有印染企业都应建造废水处理设施或集中污水处理厂。印染废水经过污水处理厂的处理，在达标排放的同时所产生的污泥，通过机械脱水后，含水率一般为 80% 左右。由于印染废水的水质变化大、有机污染物浓度高、色度和酸碱度变化大等特点，导致了印染污泥成分复杂，难以处理的问题。

在水煤浆循环流化床中掺烧印染污泥可以有效解决污泥的环境污染问题，同时有效地抑制二噁英的生产和排放。吴植华等[113]在循环流化床锅炉中燃烧印染污泥水煤浆的实践，充分显示了循环流化床的污泥处理能力，并验证了抑制二噁英的生成机理。在循环流化床锅炉燃料中渗入 10%～30%的印染污泥，排烟中测得的二噁英浓度仅为 0.068～0.074ngTEQ/m^3，远低于欧盟的标准。其抑制二噁英产生的原因主要有有效地减少氯源、减少残碳，降低催化剂活性，以及在操作过程中有效控制炉温和燃烧过程等。

5

煤粉掺烧的低 NO$_x$ 燃烧技术

5.1 概　　述

燃煤技术引起我国广泛关注，煤燃烧时产生大量氮氧化物会产生酸雨、臭氧等对生态系统污染极大的危害物。我国聚焦清洁、环保、高效的绿色低碳发展目标，自 2020 年国家重点研发项目"超低氮氧化物煤粉燃烧技术"已正式实施应用。长期以来我国燃煤低效率和高污染问题亟待解决，煤粉掺混技术是一种新型的节能减排的新型能源技术，合理的混煤掺烧方式及相应的运行条件对问题的解决具有重要意义。

对于混煤燃烧技术我国已有诸多研究且对于降低 NO$_x$ 具有显著的成果。掺混比例作为混合燃料的物理化学特性的重要影响因素，具有决定性作用。黎贤达[114] 等使用 CFD 数值模拟的方法，研究发现在半焦掺混煤粉比例一定或燃料分级条件下，由于炉内的温度降低的原因和半焦焦炭对 NO$_x$ 的还原作用，实现较高燃尽率和 NO$_x$ 浓度排放降低；李凡等[115] 采用 Fluent 软件对煤粉和污泥混烧工况进行数值模拟研究，随着含水率的降低且水分蒸发吸热，炉膛整体温度水平下降，燃烧器区域 CO 和 HCN 生成量增加，不同负荷下掺混污泥后 NO$_x$ 生成受到抑制；高薪等[116] 使用热重红外联用仪和小型沉降炉装置，研究发现在低温区（700℃）掺混废弃树脂产生的 NO$_x$ 很少，这主要是氮元素含量较少的废弃树脂掺混煤粉燃烧后氮元素释放较少所导致。从现有文献来看，煤粉间的掺混以及煤粉的衍生物甚至与固废的掺混已在前人的研究下达到期待降低 NO$_x$ 的效果。

本章从煤粉掺混半焦、低质煤和固体废弃物等方面，阐述各种掺混技术的研究机理及通过反应区的温度区分布，实现人为调控抑制 NO$_x$ 的生成。本章旨在总结说明现有煤粉掺混技术已达到降低污染物的效果，为煤粉掺混技术的后续进展提供便利和合理化建议。

5.2　煤粉掺混抑制 NO$_x$ 生成

5.2.1　煤粉掺混半焦抑制 NO$_x$ 生成

半焦是由泥煤、烟煤或者褐煤等在空气隔绝的环境下遇热，经一系列物理化学变化得到的可燃固体产物，具有挥发分少、灰分含量高、热值高、较为清洁等特点[117]。由于半焦较少的挥发分含量，导致燃烧过程中火焰的不稳定以及燃烧不完全。为了解决上述问题，在实际锅炉中可以将煤粉与半焦掺混后燃烧（见图 5-1），从而发挥半焦高热值的优点，有利于实现煤炭资源高效梯级利用，还能抑制 NO_x 的生成，降低污染物排放[118]。

在煤粉与半焦混合燃烧的过程中，NO_x 的生成和还原非常复杂，受温度、含氧量、粒径大小、当量过量空气系数等多种因素的影响，还涉及 NO、NO_2、NH_3 等大量中间产物。对于半焦来讲，由于热解，绝大多数挥发分氮从煤中析出释放，残留的氮大部分是焦炭氮。因此，半焦中的含氮量远低于煤粉[119]。与只燃烧煤粉相比，煤粉与半焦掺混后，燃烧过程中形成的 NO_x 比例显著降低。此外，在煤粉与半焦掺混比例以及其他影响因素适宜的条件下，整个燃烧过程更加充分，燃烧时间更长，导致氧气燃烧耗尽。在欠氧环境下，NO_x 的生成会受到一定程度的抑制。同时，在高温缺氧环境中会形成较高浓度的 CO 等强烈的还原性气氛，大大减少了焦炭氮向氮氧化物的转化，从而抑制了 NO_x 的生成[120]。

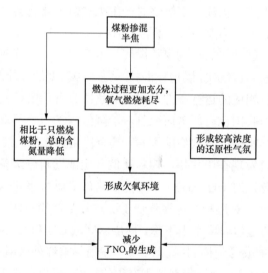

图 5-1　煤粉半焦掺混抑制 NO_x

5.2.2　煤粉掺混低质煤抑制 NO_x 生成

时至今日，煤炭在一次能源中的地位仍然无法撼动，是能源生产和消费中的主体。动力煤选煤厂的工艺依据原煤的煤制和产品结构，为电厂提供发热量和硫分符合要求的燃料煤。在各个发电企业生存博弈，降低标煤单价，提高盈利能力，争取利润最大化的竞争中，采用燃烧低质煤成为普遍趋势[121]。但是低质煤对设备安全和生产能效比的影响有一定的波动性，需要在实验数据及历史数据的支持下，实现在不断实验中找到能达到降低 NO_x 的阈值。

低质煤是一种煤化程度低的年轻煤种，胡顺轩[122]在研究低质煤时，探究拥有水分、挥发分高，易碎，易泥化，发热量低等特点，同时在我国储量丰富。其处理过程可如图 5-2 所示。其中挥发分含量低、热值低的缺点，会造成同样负荷下燃煤量增加，增大整个锅炉系统运行的难度，容易导致燃烧过程中 NO_x 排放量提高。同时，赵宁等[123]等人在对低阶烟煤的利用分解中指出，由于低质煤通常含有较多灰分，在使用过程中，易加剧受热面积灰污染程度，增加除灰渣设备的功耗，降低锅炉效率。有的低质煤灰熔点较低，还容易出现结焦、垮焦熄火等问题。

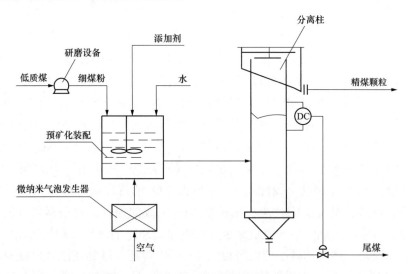

图 5-2 低质煤矿化物分离处理过程示意图

在分析探讨中，煤质的好坏不能单凭发热量的高低来评定，还需将挥发分高低进行综合考虑。李斌等[121]在低质煤电厂综合分析中指出，如果入炉煤的发热量和炉膛温度水平偏低，但假若该种煤的挥发分较高，逸出快且易着火，那么同样能保证锅炉的正常燃烧。由此反之亦然，如果入炉煤的发热量及炉膛温度偏高，就能加快挥发分达到逸出和着火，较低煤种的挥发分不会导致着火延迟。煤制偏低设计煤种过多，对火电厂的经济运行，输送、除灰、制粉等都将有较大影响。

低质煤掺配易使每台机组煤质相差较大，由此低质煤在使用时应考虑每台磨煤机的煤制，减少磨损，变负荷时各机器出力均匀，加快变负荷速率[124]。

杨根盛等[125]在煤粉预热的实践下，当煤粉快速预热时，使得煤的挥发分能够快速裂解并集中释放，将有利于低质煤的着火燃烧，还有利于煤的燃料氮大量转换成挥发分氮。挥发分氮在无焰氧化、挥发分着火阶段能有效地降低 NO$_x$ 的生成，以此达到抑制 NO$_x$ 的生成，降低 NO$_x$ 的排放量。由此可见，煤粉预热燃烧技术在解决低挥发分和低质煤种燃烧问题的同时能够有效抑制 NO$_x$ 的生成。在没有火上风（OFA）时，仅仅通过人为调控燃烧器本身而降低 NO$_x$ 的排放量。对于一些高挥发份燃料，若配上 OFA，则 NO$_x$ 的排放量将更低。

5.2.3 煤粉掺混固体废弃物抑制 NO$_x$ 生成

所谓固体废弃物是指在人类生产、消费、生活和其他活动中产生的固态或半固态物质。在此我们以电石产生的废弃物为例讨论煤粉掺混固体废弃物抑制 NO$_x$ 生成的问题。电石是重要的基础化工原料，其产生的废弃物较多，其中品质较好的有碳粉、石灰粉末，还有一部分是回收下来的除尘灰和粉尘。碳粉包含焦炭粉和兰炭粉，其产生原因是焦炉和兰炭炉生产出来的焦炭和兰炭都是大小不一致，相互掺杂在一起的，而电视的生产对其尺寸有着一定要求，所以会用筛子进行筛分从而产生了焦炭粉和兰炭粉。石灰粉是由于电石生产的苛刻要求以及石灰自身易风化的特性，产生了大量的废渣的粉末[126]。

混合燃料燃烧过程中典型工况下，烟气中的氮氧化物主要来自燃料型 NO_x。燃料型 NO_x 是指燃料在燃烧过程中，含氮的可燃物燃烧后氮分子被氧化而形成的 NO_x。根据 C-N 结合的键能和空气中含氮气的 N-N 键能相比较，前者所需能量更小，所以在温度低于 1500℃条件下，空气中的氧气更倾向于与 C-N 键断裂出来的氮原子发生反应生成 NO_x[127]。并且随着床温的提升，所提供的能量也越来越多，因此 NO_x 的排放浓度也逐渐增加。根据刘学炉[128]的研究，混合燃料在 700℃床温的工况下，NO_x 排放随烟气中 O_2 浓度的增加，排放浓度总体上呈现出逐渐减小的趋势，并且在一次风量不变的情况下，燃料供给量和氧气含量呈线性关系，相应的 NO_x 的排放随着燃料供给量的减少呈现减少趋势。图 5-3 呈现了固体废弃物抑制 NO_x 生成的原理，可根据氧气的含量可以分成两部分。首先，当烟气中含氧量高于 12.5%时，NO_x 的排放量和氧气浓度呈近似线性关系。其原因是，燃料的减少使得密相区 CO、C 等还原性物质浓度也减少，而 NO_x 的生成主要是氧化反应，还原性物质的减少，氧气充足，使其生成反应并没有受到抑制作用，所以 NO_x 的生成就只受到供给量的影响，从而 NO_x 的排放浓度随着燃料量减少而呈线性递减。第二种情况，当烟气中含氧量低于 12.5%时，NO_x 排放量随着燃料增加而增加的趋势放缓。随着燃料供给量的增加，CO、C 等还原性物质浓度也随之增加，出现了区域性还原气氛，氧气浓度又偏低，所以 NO_x 的氧化生成反应受到抑制作用，进而 NO_x 的排放浓度随着氧气含量增加而增加的趋势变缓。

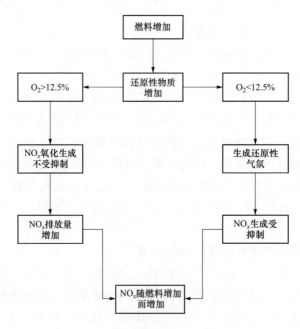

图 5-3　固体废弃物抑制 NO_x 生成原理

此外，混合燃料在 800℃床温工况条件下，相同含氧量条件下，NO$_x$ 排放在床温 800℃ 时比 700℃时排放水平要高，但趋势一致。由此也可以看出随着温度的升高，NO$_x$ 的排放量也随之升高。

5.3　多组分固废调质抑制污染物的生成

5.3.1　固体垃圾调质对燃烧特性的影响

燃烧效率主要受燃料的不完全燃烧热损失影响，生活垃圾中含氯量较高，单独燃烧时易产生二噁英等污染物及其他酸性气体，混掺焚烧时合理调质能够使燃烧进行更加充分，提高燃烧效率及稳定性，实现资源化处理。据柴兴峰[129]等研究，以硫铁矿为添加剂时，提高 S/Cl 比例对二噁英的生成有较为明显的抑制作用，且随着比例的增加作用效果也不断增加，当 S/Cl 为 2 左右时，Fe$_2$O$_3$ 充当 CO 氧化生成 CO$_2$ 过程中的催化剂[130]，促进了 CO 向 CO$_2$ 的转化，从而在一定程度上抑制了 Denovo 反应的进行，加快了转化效率，使得燃烧过程进行得更加充分，从而降低了二噁英的生成。Imaietal 的试验研究中，CO 的转化率可达到 99%，同时二噁英的生成量也由 25-30ngI-TEQ/Nm^3 下降到 3～4ngI-TEQ/Nm^3 [131]。

$$CO + MO \longrightarrow M + CO_2 \qquad (5-1)$$

$$M + 1/2O_2 \longrightarrow MO \qquad (5-2)$$

此外，谢海卫等[132]通过实验测试了生物质与城市生活垃圾混烧效果，结果表明随着生物质掺混百分含量与一次风率的增大，燃料的挥发份份额增大且固体颗粒空隙增加，燃烧效率也随之增大，粉尘和 SO$_2$ 的排放浓度降低；赵中华等[133]研究发现，将生活垃圾与燃煤混掺后燃烧二噁英生成显著降低，烟气中 SO$_2$ 和 NO$_x$ 的排放浓度也有所下降，但锅炉热效率较煤单独燃烧时低，可以通过提高温度、增加过量空气系数等方式改善；Li 等[134]学者经研究发现，混掺后燃料的粒径对燃烧效率也有一定的影响，随着粒径的增大，燃烧效率有显著的降低趋势。因此，选用合适的催化剂，合理控制掺混比例，能够在一定程度上促进燃烧过程的进行，提高燃烧效率同时减少二噁英等有害污染物的浓度，增强经济效益。

5.3.2　固体垃圾 S/Cl 调质对氯化有机物抑制的影响

S/Cl 调质对氯化有机物抑制原理可概括为以下几点：①通过消耗氯源（Cl$_2$、HCl），或者改变氯源形态降低二噁英（PCDD/Fs）生成量，如 SO$_2$ 可将 Cl$_2$ 转化为活性较低的 HCl；②与金属催化剂反应、钝化催化效果，从而降低金属催化剂对 PCDD/Fs 形成的催化效率。含硫化合物可将金属氟化物转化为硫酸盐（氧化条件）或硫化物（还原条件）使金属催化剂失活；③与 PCDD/Fs 前驱物发生反应，阻碍前驱体反应生成 PCDD/Fs。[135]。张蓓等[136]研究中，固体垃圾掺混会增加燃烧组分中的 S 含量，而 S 可以通过气相反应来降低氯的浓度，从而阻止芳香族取代反应。而石谊双[137]的研究说明了在实际燃烧过程中，芳香环的氯化反应是否发生很大程度上取决于燃料或气氛中的 S/Cl 比，如果 S/Cl 比很低则反应 1-1 和 1-2 将起主要作用，生成氯代芳香环结构，如果燃料中的 S/Cl 比高，则反应 1-3 起主要作用，将没有氯代芳香环化合物的生成。

$$反应 1\text{-}1：\qquad 2HCl(g) + \frac{1}{2}O_2(g) \longrightarrow Cl_2(g) + H_2O(g) \qquad (5\text{-}3)$$

$$反应 1\text{-}2：\qquad B_z(g) + Cl_2(g) \longrightarrow Cl_2B_z(g) \qquad (5\text{-}4)$$

$$反应 1\text{-}3：\qquad Cl_2 + SO_2 + H_2O \longleftrightarrow 2HCl + SO_3 \qquad (5\text{-}5)$$

气相反应 1-3 通过 SO_2 与 Cl_2 与 H_2O 的作用消耗了气氛中的 Cl_2，从而抑制了芳香物的取代反应，因此气氛中较高的 S/Cl 比可以钝化氯化反应。而 SO_2 所起到的抑制反应可以从两方面来得到体现，一方面是发生 1-4 反应，使飞灰对 Deacon 反应的催化活性降低，另一方面通过反应 1-3 的发生使气氛中的 Cl_2 大大减少，并导致二恶英生成减少。

$$反应 1\text{-}4：\qquad CuO + SO_2 + \frac{1}{2}O_2 \longrightarrow CuSO_4 \qquad (5\text{-}6)$$

根据吕家扬等[138]市政污泥掺烧对 PCDD/Fs 排放的影响，可以得到如下结果（见表 5-1），S/Cl 质量比与飞灰和总 PCDD/Fs 呈显著负相关关系，原料中 S 的质量分数能够通过消耗 Cl 源或降低 PCDD/Fs 中 Cl 的质量分数来抑制 PCDD/Fs 的合成，因此市政污泥掺烧能够通过提高 S/Cl 比来抑制 PCDD/Fs 的合成，从而降低 PCDD/Fs 的排放，而这可能与固体垃圾掺烧改变了投料中 S、Cl 质量分数有关，其中 SO_2 的增加抑制了 Cu 的催化活性，导致 PCDD/Fs 含量降低。

表 5-1　　　　焚烧原料中 S/Cl 比、PCDD/Fs 毒性当量与排放的
PCDD/Fs 毒性当量的线性回归模型 P 值

PCDD/Fs 毒性当量	$m(S)/m(Cl)$	焚烧原料中的 PCDD/Fs 毒性当量
烟气	0.000	—
飞灰	—	0.017
炉渣	0.026	

5.4　固体垃圾调质协同作用的关键因素

在生活垃圾焚烧过程中，以 PCDD/Fs 为主的氯化有机污染物的来源以及生成机理目前可以归结为三种，原始存在、高温气相合成以及低温异相催化反应，其中低温异相催化反应又可分为前驱物异相表面催化合成和从头合成，基本理论如下：

（1）原始存在：垃圾中本来就含有一定量的 PCDD/Fs，在焚烧过程中被释放。

（2）高温气相合成：在 500～800℃的温度范围内，由于燃烧不彻底和混合不充分导致气相中的氯代烃通过链增长反应，环化反应和缩合反应形成 PCDD/Fs。

（3）前驱物异相表面催化合成：在 200～500℃的温度范围内，烟气中的氯苯和氯酚等 PCDD/Fs 前驱物，吸附于飞灰表面，并在金属催化剂的作用下合成 PCDD/Fs。

（4）从头合成：在 200～350℃的温度范围内，飞灰中的残炭与氢原子、氧原子以及氯原子结合，逐步形成 PCDD/Fs[139]。

对于高温气相生成机理而言，只有在燃烧过程中存在大量氧代前驱物、高温条件下，才能在 PCDD/Fs 的产生过程中占主导作用。目前，大量研究表明，在废弃物燃烧产生 PCDD/Fs 的过程中，占主导作用的是从头合成机理及前驱物合成机理，这两类反应在低温况下利用飞灰作为催化媒介生成大量的 PCDD/Fs，其中，对于前驱物合成机理而言，PCDD/Fs 的生成量与前驱物的生成量成直接关系，当燃烧不充分时大量前驱物产生，此时 PCDD/Fs 的生成机制以前驱物合成机理为主，当废弃物充分燃烧时，前驱物含量大大降低，此时 PCDD/Fs 的生成机制以从头合成机理为主。总之，在低温异相催化合成反应中，前驱物合成机理相对于从头合成机理能够生成更多的 PCDD/Fs[140]。

根据 PCDD/Fs 的生成机制在微观反应机理方面，可以根据影响原理分为包括温度、催化剂、氯源、氧含量、碳源等细节因素。而这些因素又可划分为温度及元素组成[141]。

在不同的温度下，焚烧过程会发生不一样的反应，从而影响具体有机污染物的生成情况。同时，固废掺混会影响催化剂、氯源、氧含量、碳源等因素，在基本反应中，随着氯化物浓度的不断增大，PCDD/Fs 的浓度亦随之增大，硫及其氧化物则对 PCDD/Fs 的生成具有抑制作用。

在实际固废掺混实施工程中，市政污泥与城市生活垃圾混合后含水率增多，S、N 等元素增多；木材与城市生活垃圾混合，C 元素会增加，但木材中可能会含有 Cl、Cu 等元素，这些元素会影响有机污染物的生成。除此之外，在混烧过程中产生的一些金属催化剂，会促进有机污染物的生成，也可能会改变有机污染物的主要生成途径[142]。

因此，在固废掺混中影响有机污染物的生成因素主要有固废类型、混烧比例以及温度等燃烧条件，这些条件的不同导致有机污染物浓度及其毒性当量存在差异，不同种类固废掺混后导致其热值、含水率、固废元素组成（Cl、C、S、N 等）等因素发生改变从而影响有机污染物的生成[142]。

6

炉排炉内固废焚烧过程的数值模拟与 NO$_x$ 控制

6.1 概　　述

目前，处理固体垃圾的主要方式有卫生填埋、堆肥和焚烧，其中焚烧应用范围最广、认可度最高，能够有效处理垃圾废物并回收热能和电能。按照我国发改委和住建部联合印发的《"十四五"城镇生活垃圾分类和处理设施发展规划》要求，到 2025 年底全国城镇生活垃圾焚烧处理能力达到 80 万 t/日左右，城市生活垃圾焚烧处理能力占比 65%左右，这确定了垃圾焚烧发电行业的发展前景。垃圾焚烧发电可以大幅度减少固体废物的质量和体积，回收能源，是一种稳定、高效、清洁的固体废物处理技术。对燃料的良好适应性、运行稳定且绝大部分固体垃圾不需要任何预处理可直接进炉燃烧，炉排炉成为垃圾焚烧行业最常见技术之一。随着城市污水污泥和工业固体废物等各种固体废物产生量的急剧增加，目前的城市生活垃圾锅炉需要进行调整或改造，以满足处理不同种类固体废物的需求。对现有焚烧炉中混烧固体废物被认为是满足要求并最大程度降低锅炉调整或改造难度的一种有效可行的方法[143]。

固废焚烧过程会产生部分有机污染物，如 PCDD/Fs、五氯苯、六氯苯、多氯联苯等，有较强持久性和毒性。试验研究表明，不同类型的固废混合后，在一定程度上对有机污染物的生成有抑制作用，如通过对不同固体垃圾（如市政污泥与生活垃圾、工业废固与生活垃圾等）进行掺混可以实现 S/Cl 比例的调整，以此减少氯化有机污染物的生成。吕家扬等[144]对南方某生活垃圾焚烧厂进行市政污泥与生活垃圾协同混烧，实验发现，与生活垃圾单独焚烧相比，当有 15%的市政污泥与之混烧时 S 元素的增多，产生的 PCDD/Fs 毒性当量减少约 50%且并未对燃烧运行产生不良影响；张蓓等[145]对固体废弃物混烧中产生的有机污染物生产机理和排放特点以及控制有机污染物生成方法进行了研究，结果发现城市生活垃圾中 Cl 元素和金属元素有助于有机污染物的生成，而 S 和 N 元素则会通过抑制 Cu 等金属的催化活性从而减少有机污染物的生成。

不同的生物质废弃物中的氮含量差异很大，如质量分数可以从木质生物量的 0.1%到水生生物量的 11%[146]，高氮含量的生物质燃烧，可能导致氮氧化物 NO$_x$ 和 N$_2$O 的排放增加，对环境产生有害影响，结合对生物质燃烧产生的 NO$_x$ 排放的严格规定，提高对生物质燃烧过程中 NO$_x$ 和 N$_2$O 形成和减少机制的理解至关重要。

炉排炉虽然具有对燃料适应性好，且需要较少的燃料预处理。然而，经过多年的实践，炉排燃烧仍面临着炉排燃料转化、燃料和空气混合、结垢和腐蚀以及排放成分等技术挑战。因此，更好的理解是优化生物质炉排炉以提高效率和控制排放的关键。已有许多实验和数值研究，针对实验室和工业规模的生物质燃料的燃烧动力学而开展。实验研究提供了有关生物质转化特性的基础知识，试验方面主要通过实验室规模的固定床反应器近似移动燃料块，并评估了空气供应、颗粒大小和变化的影响如：研究人员对不同炉排炉中各种生物质燃料的燃烧进行了多次测量活动，结果表明较高的主要空气流量可能会增加 CO 释放并减少燃料床中的 NO 释放[147]；但实验的规模可能会受到成本和可及性的限制，特别对于工业尺度的炉排炉，通过数值模拟技术开展相关研究工作也是一个研究方向。因此本章节首先介绍目前对于固废混合焚烧抑制污染物生成的研究成果，其次将介绍炉排炉燃烧过程的数值模型，并以 NO$_x$ 为代表介绍数值模型在污染物预测方面的应用。

6.2 炉排炉内固废焚烧的数值模型介绍与应用

6.2.1 基本模型方法介绍

炉排上的燃料转化可以通过三种方式建模，即经验模型、多孔介质模型和离散元模型（DEM）。三者中，经验模型在为工业规模模拟提供边界条件方面较为常见，但该模型在研究多参数方面对燃烧过程的影响不够灵活。多孔介质模型与离散元模型（DEM）的区别在于处理生物质颗粒的方式，前者将填充的固体视为连续相，而后者则考虑单个颗粒的动力学。

经验模型通过根据经验假设每个区域的转化率将炉排划分为不同的区域；每个区域的气体和温度分布是根据每个区域和干舷之间的平衡和热质量交换计算的。图 6-1 所示为经验模型的分区假设和基于假设和热力平衡的计算结果。经验模型的预测分辨率和准确性随着划分数量的增加而提高。然而，这种模型的局限性在于它依赖于对转化率的实验预测，因此该模型对边界条件的变化不敏感。

欧拉-拉格朗日（Euler-Lagrange）模型将固体假设为理想的、不连续的粒子，并基于离散元模型（discrete element method，DEM）为单个粒子制定和求解输运方程，将所有粒子转换相加以与 DEM 模型中的气体相互作用，如此可以反映出燃料颗粒在炉排上的大部分过程。Mahmoudi 等基于该方法对固定床反应器中颗粒的燃烧转化过程地进行了模拟，该方法对于不同位置的颗粒在不同时间的燃烧状态有清晰的展示，基于模拟结果，研究人员可以分析了反应器中各个颗粒的自热和点火[149]。Wissing 等[150] 将 DEM 用于炉排炉内的颗粒燃烧模拟，其首先通过虚拟颗粒来代替一部分颗粒的方式，降低了所需要模拟的实际颗粒数目，其结果再现了炉排上的粒度分布和炉排传输机制的影响。如图 6-2 所示，然而 DEM 模型的计算成本太高，不足以提供便捷性进行与工业规模锅炉相关的综合参数研究；此外虽然 DEM 方法通过虚拟球形颗粒代替实际的燃料尺寸的方式也忽视了燃料实际在炉排上的运动形式。

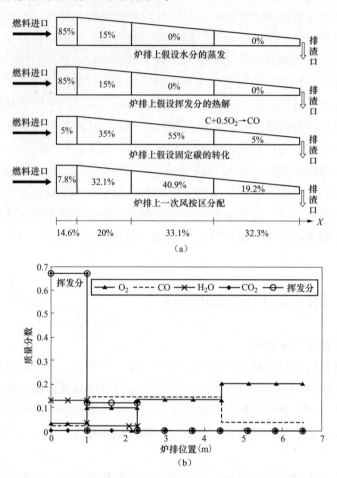

（a）

图 6-1　经验模型的分区假设及平衡计算的结果[148]

（a）分区假设；（b）各区气体组分

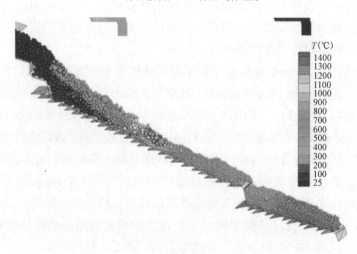

图 6-2　基于 DEM 方法的炉排上颗粒温度模拟结果

由于燃料多是以堆积形式存在于炉排上，并在炉排的机械运动下移动，这为基于欧拉-欧拉方法（Euler-Euler 方法）以瞬态两相多孔介质模型对移动床进行建模提供了理论假设条件。此时炉排上对方的固体燃料和流经燃料的气体都被描述为连续相，并主要考虑沿燃料堆方向上的气体流动和气固燃烧。针对炉排上燃料的移动行为，Kær 提出"行走柱（moving column method）"一维模型模将该方法用于工业级别炉排炉方面[151]，如图 6-3 所示，该模型中将炉排上的同一时刻的燃料划为不同尺度的柱体，并且每个柱体参与燃烧的过程采用多孔介质模型来模拟。谢菲尔德大学的研究人员将燃料在炉排不同位置上的体积变化考虑在内，发展了 FLIC 代码用于炉排燃烧的模拟，该模型已通过不同的实验得到验证[152]。

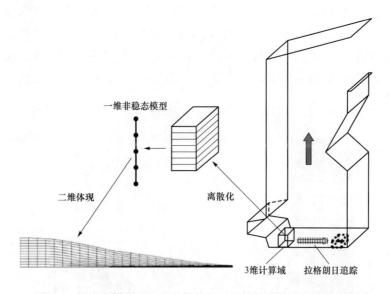

图 6-3   固定床模型以及移动柱体用于炉排炉的转换方法示意图

Flic 软件能够模拟燃料在炉排上的燃烧过程，通过与 Fluent 或者 starCC 等数值模拟软件的结合，广泛被研究人员用于炉排炉的燃烧过程模拟。与经验模型和欧拉-拉格朗日方法相比，该方法的优势在于以低的计算成本和较高的计算精度，快速得到燃料在炉排上的燃烧过程，能够高效地用于实验室的机理研究以及工业炉排炉的性能优化。但是 Flic 软件存在的不足在于其未能耦合准确的污染物生成机理，以及不同类型燃料在燃烧过程中的体积变化无法分别考虑，只能以单一燃料假设或者固定的收缩模型来表示。在考虑将该方法用于实际多燃料混合焚烧的研究，作者所在的研究团队基于欧拉-欧拉方法成功开发了一款动态的炉排燃烧模拟程序并将其成功应用于工业级别的炉排炉模拟[153]。图 6-4 表示了该方法与炉排炉的耦合方式。

作者团队所模拟的工业级别炉排炉设计为每小时产生 40t 蒸汽，主要以生物质或固废为燃料。用于供热的生物质包括在当地收集的树木木屑和拆除废木材。炉排部分按照一次风的配风室结构等分为五个区，每个区的风速和一次风室（primary air room，PAR）流量不同，以实现对不同燃料的适应。一次风通过风机被供应到位于炉排下方的配风室，每个区域的气流变化是通过调节各个配风室的阀门来实现。炉膛左右两侧各有两排二次风（secondary air, SA）供气喷嘴，以保证可燃气体的完全燃烧。对于锅炉内燃烧的监测，炉膛燃烧室内有 3 个测温位置，如图 6-4（a）所示。此外，在。烟气中的气体成分包括一氧化碳、氮氧化物、二氧化硫和颗粒物（particulate material，PM），在烟道排气口通过烟气分析仪进行监测。

工业炉排炉的燃烧过程模拟研究分为两个部分即上部炉膛和下部炉排，分别使用不同的方法建模，如图 6-4（b）所示。其中下部燃料在炉排上的燃烧部分则为作者团队所开发的动态一维燃料床模型，上部炉膛则基于商业软件 Ansys Fluent 进行三维数值模拟。图 6-5 展示了两个模型的耦合是通过气体温度、气体组分和气速等参数的迭代交换完成的。首先假设一个炉膛辐射温度，开始炉排上燃料燃烧的模拟，从燃料床模型计算的气相组分分布、速度和温度分布被用作上部炉膛模拟的入口条件，炉膛内燃烧模拟收敛后得出炉膛辐射温度随后被用作燃料床模拟的下一次迭代的边界条件，重新模拟燃料在炉排上和可燃气体在炉膛内的燃烧，当上部炉膛的辐射温度在两次连续迭代之间的变化小于 1.5%时耦合完成。

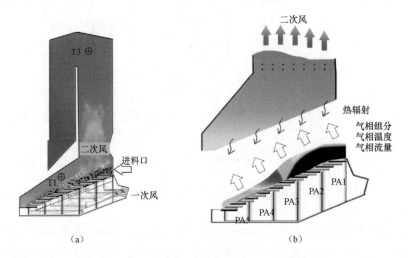

（a）　　　　　　　　　　　　　　（b）

图 6-4　工业炉排炉数值模拟方法介绍

（a）工业炉排炉的分区；（b）炉排模拟与炉膛模拟耦合方式

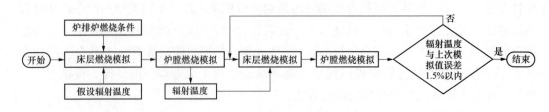

图 6-5　炉排炉模拟流程示意图

6.2.2　固废焚烧过程的多孔介质模型介绍

炉排上的燃料以一定的高度堆积，因此可以看作为多孔介质，并基于多孔介质模型开发燃烧模拟程序，其中发生伴随着气体和固体之间的热量和质量交换的反应。模型由瞬态一维控制方程组成，基本控制方程如表 6-1 所示。

表 6-1　　　　　　　　　　　　　　基本控制方程[154]

气相控制方程：

连续方程：
$$\frac{\partial(\rho_g\varepsilon)}{\partial t}+\frac{\partial(\rho_g\varepsilon u_g)}{\partial y}=S_{sg}\tag{6-1}$$

动量方程：
$$\frac{\partial(\rho_g\varepsilon u_g)}{\partial t}+\frac{\partial(\rho_g\varepsilon u_g u_g)}{\partial y}=-\frac{\partial p}{\partial y}-\left(\frac{\mu_g}{\alpha}u_g+\frac{3.5}{\Psi d_p}\frac{1-\varepsilon}{\varepsilon^3}\left|u_g\right|u_g\right)\tag{6-2}$$

能量方程：
$$\partial\frac{(\rho_g\varepsilon h_g)}{\partial t}+\frac{\partial(\rho_g\varepsilon u_g h_g)}{\partial y}=\frac{\partial}{\partial y}\left((k_g+k_{g,t})\frac{\partial T_g}{\partial y}\right)+S_p h_{sg}(T_s-T_g)+Q_g\tag{6-3}$$

组分守恒方程：
$$\frac{\partial(\rho_g\varepsilon X_i)}{\partial t}+\frac{\partial(\rho_g\varepsilon u_g X_i)}{\partial y}=\frac{\partial}{\partial y}\left((D_{i,g}+D_{g,t})\frac{\partial(\rho_g\varepsilon X_i)}{\partial y}\right)+S_{i,g}\tag{6-4}$$

固相控制方程：

连续方程：
$$\frac{\partial[\rho_s(1-\varepsilon)]}{\partial t}+\frac{\partial[\rho_s(1-\varepsilon)v_s]}{\partial y}=-S_{sg}\tag{6-5}$$

动量方程：
$$\frac{\partial[\rho_s(1-\varepsilon)X_{i,s}]}{\partial t}+\frac{\partial[\rho_s(1-\varepsilon)v_s X_{i,s}]}{\partial y}=S_{j,s}\tag{6-6}$$

能量方程：
$$\frac{\partial[\rho_s(1-\varepsilon)h_s]}{\partial t}+\frac{\partial[\rho_s(1-\varepsilon)v_s h_s]}{\partial y}=\frac{\partial}{\partial y}\left(\lambda_s\frac{\partial T_s}{\partial y}\right)+Q_{rad}(y)+S_p h_{sg}(T_g-T_s)+Q_s\tag{6-7}$$

组分守恒方程：
$$\frac{\partial[\rho_s(1-\varepsilon)X_{i,s}]}{\partial t}+\frac{\partial[\rho_s(1-\varepsilon)v_s X_{i,s}]}{\partial y}=S_{j,s}\tag{6-8}$$

变量关联式：

渗透系数：
$$\alpha=\frac{d_p^2}{150\psi^2}\frac{\varepsilon^3}{(1-\varepsilon)^2}\tag{6-9}$$

扩散系数：
$$D_{g,t}=\begin{cases}0 & Re<1\\0.5d_p\left|u_g\right| & Re>5\end{cases}\tag{6-10}$$

导热系数：
$$k_{g,t}=\begin{cases}0 & Re<1\\0.5d_p\left|u_g\right|u\rho_g c_{p,g} & Re>8\end{cases}\tag{6-11}$$

相间对流换热系数：
$$h_{sg}=\frac{k_g}{d_p}(2+1.1pr^{1/3}Re^{0.6})\tag{6-12}$$

固相有效导热系数：
$$\lambda_s=(1-\varepsilon)(X_c\lambda_c+X_m\lambda_m+X_{vm}\lambda_{vm})+\frac{\varepsilon}{1-\varepsilon}4\sigma\varepsilon_s d_p T_s^3\tag{6-13}$$

（1）辐射模型。在炉排锅炉中，燃料在炉排上的点火是由炉膛燃烧的辐射引起的。Saastamoinen 已通过实验证明，来自床层上方火焰的辐射热通量从燃料顶部表面沿床层高度呈指数衰减，并且燃料床层局部吸热与该通量成正比[155]。因此，燃料接受到的辐射源项 Q_{rad}（y）如方程式（6-14）表示，其中衰变系数 β 与粒子的比表面积成正比，

T_{rad} 是等效的顶部火焰辐射温度。

$$Q_{rad}(y) = \beta\sigma(\varepsilon_{rad}T_{rad}^4 - \varepsilon_s T_s^4)e - \beta(H_O - y) \tag{6-14}$$

辐射的效应也通过有效导热系数实现（见表6-1），其中有效传热系数 λ_s 包括了固相自身的导热以及等效的辐射贡献度[156]。在高温下，粒子间辐射在促进填充床中的点火前沿传播方面发挥着重要作用。

固相能量方程式（6-7）的右侧最后两个源项表示气体和固体之间的对流传热，以及来自非均相反应的总反应热源 Q_s。此外，模型在固相输运方程中引入了 v_s 项来解释由于非均相反应（水分干燥、挥发分热解和固定碳燃烧）引起的燃料体积变化。对于每个异相反应，引入了一个系数 a_i 表示不同非均相反应对收缩的贡献。例如，如果燃料中水分蒸发的 a_1 为1，则水分的消耗会导致填充床的收缩。基于此假设下行速度表示为

$$v_s = a_1\frac{R'_{evp}}{\rho_2\omega_{2A}(1-\varepsilon_A)}(1-V_{B,A}) + a_2\frac{R'_{pyr}}{\rho_3\omega_{3B}(1-\varepsilon_B)}(1-V_{C,B}) + a_3\frac{R'_{char}}{\rho_4\omega_{4C}(1-\varepsilon_C)}(1-V_{D,C}) \tag{6-15}$$

R' 代表每一个横截面积的每个过程的反应速率。有关这些变量的更多详细信息，请参见参考文献[157]。

（2）燃烧反应机理模型。燃料燃烧过程包括了均相和非均相两部分。由于生物质含有大量影响着火时间和能量消耗的水分，因此精确的干燥模型很重要。来自上部炉膛的辐射与从底部炉排进入的干燥一次风一起促进了蒸发过程。固相挥发分挥发性物质被假设为 CH_xO_y，并采用一步反应模型来描述热解反应。热解产物由化学计量平衡和反应的吸热性质。反应速率由 Arrhenius 方程表示方程，其中的反应速率参数根据对应物质的种类从文献[158][159]选择或者实验室测量计算。热解后剩余的焦炭发生完全或部分氧化以产生 CO 和 CO_2 的混合物，其中 CO 与 CO_2 的形成比例取决于颗粒的温度[160]，具体如表6-2所示。

均相反应主要为气相可燃组分在氧化环境下的燃烧反应，在模型中，主要考虑了气态挥发分 $C_xH_yO_z$、H_2、CH_4、CO 和 H_2 所参与的反应，其反应速率详见表6-2。脱挥发分产生的可燃产物和焦炭部分氧化产生的 CO 与空气混合并发生氧化反应。均相反应的速率同时受到混合效率和化学反应动力学的限制。混合速率以 Ergun 方程的形式表示[161]，考虑了流体黏度和阻力。

$$R_{mix} = C_{mix}\rho_g\left\{150\frac{D_g(1-\varepsilon)^{2/3}}{d_p^2\varepsilon} + 1.75\frac{u_g(1-\varepsilon)^{1/3}}{d_p\varepsilon}\right\}\times\min\left\{\frac{C_{fuel}}{S_{fuel}}, \frac{C_{O_2}}{S_{O_2}}\right\} \tag{6-16}$$

模型选用的全部均相反应列于表6-3。气体反应速率是通过将混合速率与化学反应速率进行比较得到的，并取两者之间的最小值。

$$R_i = \min(R_{kinetic}, R_{mix}) \tag{6-17}$$

表6-2   非均相反应[162]

非均相反应
水分蒸发：$R_{evp} = \begin{cases} S_p h_m(X_{m,s} - X_{m,g}), & T_s<373K \\ S_p h_{sg}(T_g - T_s) + \varepsilon_s\sigma(T_{env}^4 - T_s^4), & T_s>373K \end{cases}$ (6-18)

挥发分热解：$CH_xO_y \longrightarrow \beta_1 CH_4 + \beta_2 CO + \beta_3 CO_2 + \beta_4 C_lH_mO_n + \beta_5 H_2 + \beta_6 H_2O$ 　　　(6-19)

热解速率：$P_{pyr} = A_{pyr} \exp(-E/(RT)) m_{vm}$

焦炭燃烧反应：$C + \varphi O_2 \longrightarrow 2(1-\varphi)CO_2 + (2\varphi - 1)CO$ 　　　(6-20)

其中：$\varphi = \dfrac{0.5r_c + 1}{r_c + 1}$ 　　　(6-21)

$r_c = \dfrac{CO}{CO_2} = 33\exp(-4700/T_s)$ 　　　(6-22)

氧化速率：$R_{char} = A_p CO_2 \left(\dfrac{1}{k_r + \dfrac{1}{k_d}} \right)$ 　　　(6-23)

动力学反应系数：$k_r = 497\exp(-8540/T_s)$ 　　　(6-24)

表 6-3 　　　　　　　　　　　　　均 相 反 应

反应方程	反应速率	A	b	E
$C_lH_mO_n + \left(\dfrac{l}{2} + \dfrac{m}{4} - \dfrac{n}{2} \right)O_2 \longrightarrow lCO + \dfrac{m}{2}H_2O$	$R_{C_lH_mO_n} = AT^b e^{(-E/RT)}$ $C_{C_lH_mO_n}^{-0.1} C_{O_2}^{1.85}$	1.35×10^9	0	1.26×10^8
$CH_4 + 1.5O_2 \longrightarrow CO + 2H_2O$	$R_{CH_4} = AT^b e^{(-E/RT)} C_{CH_4}^{0.7} C_{O_2}^{0.8}$	5×10^{11}	0	2×10^8
$CO + 0.5O_2 \longrightarrow CO_2$	$R_{CO} = AT^b e^{(-E/RT)} C_{CO} C_{O_2}^{0.25}$	2.24×10^{12}	0	1.7×10^8
$H_2 + 0.5O_2 \longrightarrow H_2O$	$R_{H_2} = AT^b e^{(-E/RT)} C_{H_2} C_{O_2}$	9.87×10^8	0	3.1×10^7

（3）移动炉排上燃料块的数学描述。移动柱体的思想同样用于我们的模型中，根据实际所模拟的炉排炉的炉排运动方式和结构。当燃料柱的横截面积足够小时，物质和温度的水平梯度与垂直梯度相比较小，每个柱体均可看作一维柱形。并以每秒输送的燃料柱所对应的质量作为进行一维床模型模拟的初始条件。

如图 6-6 所示，为实现工业规模锅炉的模型并模拟实际运行条件，根据收集到的炉排运行数据，使用不同的燃料输送速度 u_i 来近似燃料驻留沿炉排长度为 L_i（$\sum L_i = L_{炉排}$）的每个区域时间。因此，计算的每个 t 时刻对应于实际过程中在炉排对应位置的燃料状态。在每个给定的时间位置 t_i（$t_i = L_i/u_i$），包括辐射温度和空气流量在内的燃料床模型的边界条件都相应地变化。

6.2.3　工业尺度炉排炉燃烧的模型应用

（1）模型验证。模型验证分为两部分，由于将炉排上的燃料简化为一维柱形，因此可以首先对炉排上燃烧模型基于固定床实验开展模型验证工作。在固定床燃烧中，气体样品是从反应器内初始燃料床层最上部的固定位置抽取和分析。但在表示炉排运行时，不同位置的燃料柱形会具有不同的高度，这种近似会导致按照初始燃料柱形高度来获取燃烧后气体组分分布出现较大误差。因此，在进行炉排炉模拟中，需要跟踪燃料柱形在炉排上高度下降的行为并时刻在其最顶部获取气体组分、温度和流量等模拟值。如图 6-7 所示，燃料堆高度随着燃烧的进行不断下降 [见图 6-7（b）]，并且模拟所得到的燃料剩余质量与试验测量基本接近；相对应的三种气体组分也展示了与试验测量值相似的变化曲线，特别是在 1200s 左右，出现的 CO 的峰值与 CO_2 的峰谷，主要由于此时剩余碳在不足的 O_2 条件下的快速燃烧导致。

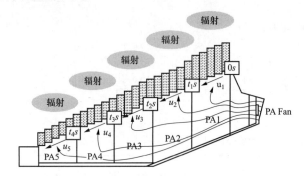

图 6-6　炉排上燃料运动的数学描述（注：PA 表示一次风-Primary air）---

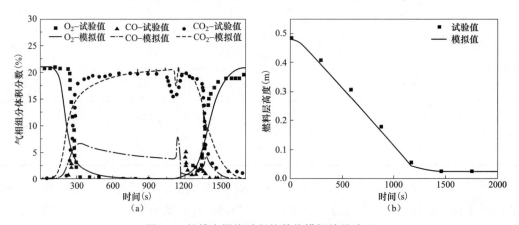

图 6-7　炉排上燃烧过程的数值模拟结果验证

（a）气体组分验证；（b）燃料堆高度验证

（2）炉排炉燃烧过程数值模拟。图 6-8 则为略去烟道受热面后的工业级炉排炉炉膛部分三维网格示意图。经过网格验证，模拟所用网格总数为 934 197，图 6-8 中对二次风区域进行了局部加密。炉膛燃烧模拟基于 Ansys Fluent 进行，其中采用具有标准壁面函数的标准 k-ε 模型来模拟炉内存在的湍流，选择 P-1 辐射模型来预测炉内辐射热交换，且气体混合物的吸收系数由 WSGGM（灰色气体的加权总和）近似核算。可燃性气体成分在炉膛内的燃烧反应速率遵循有限反应速率模型，所发生的反应动力学遵循表 6-3 所列方程式。

为进行耦合模型的验证，选取了实际的 5 种不同燃料来开展模拟验证与研究，表 6-4 所示了采集的现场燃料属性值。通过对不同燃料灰分比例，将其中 1 号和 2 号燃料定义为低灰燃料（low ash fuel，LAF），3 号和 4 号燃料定义为中灰燃料（medium ash fuel,

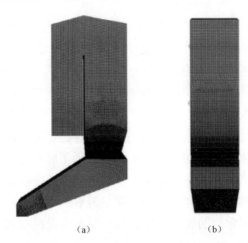

(a)   (b)

图 6-8　炉膛部分三维网格示意图

（a）第一视角；（b）第二视角

表 6-4									工业级别炉排炉模拟时所使用的燃料属性
序号	HHV	工业分析			元素分析					燃料质量
	MJ/kg	挥发分	固定碳	灰分	C	H	O	N	S	
1	14.13	70.41	23.01	6.58	44.49	5.25	42.4	1.28	0.29	LAF
2	13.02	64.62	24.10	11.29	46.75	6.08	34.2	1.64	0.24	LAF
3	11.49	60.30	20.80	18.90	37.78	4.76	36.84	1.72	0.74	MAF
4	10.04	64.20	16.22	19.58	33.32	4.09	41.3	1.39	0.72	MAF
5	6.2	41.46	9.92	48.62	23.12	3.18	23.6	1.46	1.69	HAF

MAF），5 号燃料由于高达 48% 的灰分含量则定义为高灰燃料（high ash fuel，HAF）。基于图 6-6 所示的炉排炉耦合模拟顺序，分别对不同类型燃料在炉排和炉膛内的燃烧过程进行模拟并得到燃料在炉排以及炉膛内的燃烧信息。如图 6-9 所示，燃料在炉排上完整的燃料转化过程可以分为三个阶段，即干燥点火、稳态燃烧和剩余碳燃烧。第一阶段是燃料的点燃，其标志水分的大量干燥蒸发、O$_2$ 的快速下降以及温度的上升。来自炉膛辐射的热量加热固体燃料，令水分从固体中蒸发。当燃料的下降速度逐渐增加时，O$_2$ 水平开始从 21% 下降到 0%，同时，CO$_2$ 质量分数从 0% 上升到 19% 且 CO 浓度急剧增加时，可以认为燃料已被点燃并进入稳定燃烧阶段。根据模拟得到的气体组分以及温度变化曲线证明燃料床模型能够预测沿炉排的物质分布、气体质量通量和温度。在燃料主要通过加热和蒸发的第一区域，低空气流速限制了空气冷却效果，这有利于实现燃料成功点火。H$_2$O、CO 和 CO$_2$ 的增加表明挥发物也在第一区开始分解。然而，由于在该区域的停留时间相对较短，H$_2$O 的释放并未在区域 1 内完成。随着一次风逐渐增加后，气体的释放进入平稳阶段。这一阶段以挥发分热解和固定碳氧化为主，需要大量供应空气进行燃烧，以及从填充床中去除热量和质量。参照图 6-10（a）所示模拟的床高下降过程，这个时期是稳定和一致的燃烧。稳定燃烧发生在区域 2 和区域 3，并对应于最大的气体流量。

此外，在区域 3 的末端，CO_2 和其他可燃气体的释放量达到峰值，随后突然下降。峰值来自剩余挥发物的强烈热解。此外，在最终脱挥发分后，出气温度也急剧升高。另一个值得注意的现象是最后两个区域的 CO 和 CO_2 的小峰值。该峰是由于最终的炭氧化。最后两个区域的富含空气的条件促使剩余可燃物和未燃烧碳的最终转化。当燃料中可燃物燃尽后，主要剩下的是灰分（5 区），此时一次风主要对剩余燃料（主要成分为灰）进行空气冷却，以最大限度地降低排渣导致的热损失。尽管该区域的空气供应量较低，但通过延长灰烬的停留时间来实现冷却。图 6-9（b）展示了燃料在炉排上燃烧过程中不同区域内的气体流量分布，其流量大小与燃料在不同区域的燃烧状态密切相关，同时由于一次风在 5 个区的分配比按照 1:3:3:2:1，可以明显地看到炉排燃料燃烧后气体主要集中在 2 区和 3 区。由于最后固定碳的燃烧，使得最高温度出现在 3 和 4 区交界，并最终在 5 区一次风的冷却下下降到 570K 左右。

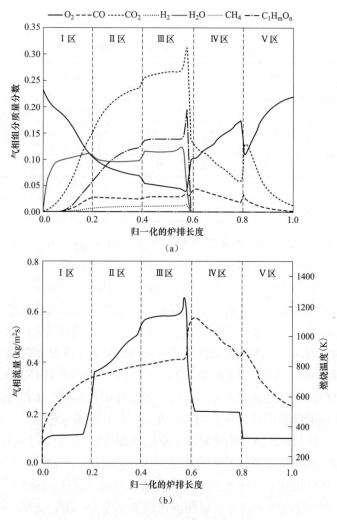

图 6-9　炉排上燃烧模拟结果

（a）气体组分分布；（b）进入炉膛的气体流量和温度分布

比较图 6-10 所示的不同类型燃料的温度分布与高度变化，可以看到高灰分燃料具有更长的燃烧反应时长，相比之下低灰分燃料［见图 6-10（a）］则能够较快完全燃烧，基本在 4 区中段燃烧完毕。同时由于三类不同燃料的灰分含量不同，造成图中不同的剩余燃料高度。每种燃料的床外辐射温度分布如图 6-10（d）所示。此外，对于灰分含量较低的高质量燃料，最后一个区域的冷却效果更好。根据图 6-10（a），灰分含量为 5% 的优质燃料的最终灰分温度可以冷却到 500K 以下。对于劣质燃料，灰烬抑制了炉排上的生物质残留物的冷却。

如图 6-10 所示，在稳态燃烧期间，床层高度以几乎恒定的梯度稳步降低。局部气体浓度在较长时间内保持稳定。当稳定燃烧期在 t=1000s 左右结束时，观察到 CO 的峰值和 CO$_2$ 水平的下降，接近尾端的 CO 峰值来自固定碳的最终燃尽。并且不同类型燃料在炉排上的温度分布也为调控一次风分布提供了指导，主要表现为低灰燃料的快速燃烧，从而使得在 5 区主要为一次风对剩余固体的冷却作用，因此其温度要低于中灰燃料和高灰燃料。

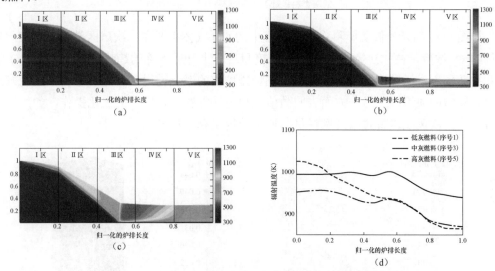

图 6-10　不同类型固废原料在炉排上床层高度变化模拟图

（a）低灰燃料；（b）中灰燃料；（c）高灰燃料；（d）不同燃料燃烧的炉膛辐射温度

将来自于炉排模拟的气体组分、流量和温度等作为炉膛燃烧的边界条件带入到 fluent，图 6-11 所示为计算得到的炉膛内中心截面上的温度分布云图。图中 6-11 所示，不同类型燃料在炉膛的温度部分情况相似，高温区主要出现在二次风口位置，并且由于低灰燃料产生更多的可燃性气体组分，如图 6-12 所示，在 2~4 区的热解和燃烧条件下有大量的 CO 气体产生，对应此时 O$_2$ 消耗而形成明显的低氧区，但来自 1 区和 5 区的 O$_2$ 在流动作用下快速扩散与可燃气体混合；同时二次风的加入促使可燃性气体快速燃烧，形成稳定的火焰，进而产生足够热辐射促使炉排上的燃料发生热转换。随着燃料中灰分增加，可燃气体的释放率会降低，特别是 2 区和 3 区（主要来自挥发分热解），这导致同样条件下，来自炉排上的可燃气体量降低，炉膛内的燃烧释放热量也下降，因此使得炉膛内部的温度出现了明显的下降，特别对于高灰分燃料，因此在燃烧高灰分燃料时必须注意炉膛内的燃烧状况，及时调整进料量来保证炉膛内的合理燃烧温度。

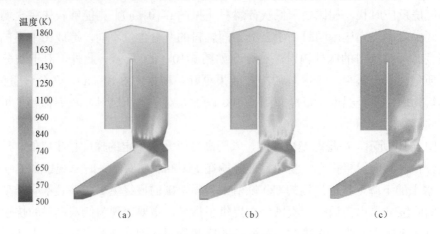

图 6-11　不同类型燃料在炉膛内的温度分布云图
（a）低灰燃料；（b）中灰燃料；（c）高灰燃料

如图 6-12 所示，低灰燃料在燃烧过程中的 CO 气体主要在二次风区消耗，对应此处最低的 O_2 浓度，在二次风口上方，O_2 浓度呈现先上升后下降的趋势，其原因为 CO 消耗和扩散作用。通过模拟不同类型燃料在炉排炉内的燃烧过程，一方面证明了所开发的燃料床模型的通用性，另一方面表明数值模拟方法能够为炉排炉的优化操作，如炉排运行方式、一次风配风方式以及燃料供给速率等提供有效指导。

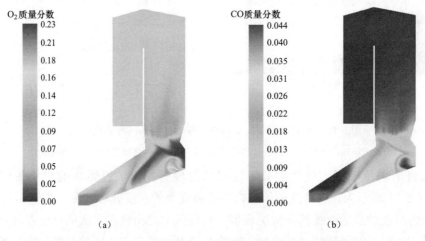

图 6-12　低灰燃料燃烧时沿炉膛中心截面上的气体分布
（a）O_2；（b）CO

6.3　固体混合燃料模型介绍

因为生物质或者生活垃圾等固废燃料具有成分变化不稳定的特点，所以实际炉排炉所使用的燃料始终处于变化状态，然而目前对于炉排炉的模拟研究主要是基于均一成分假设，即将不同类型的固废混合后，通过算数平均统一为一种新的物质，再利用 flic 软件开展计算，这大大降低了模型对于混合燃料间相互影响的反应，且这种假设也忽略了不同燃料的各自属性。为更好地研究混合燃料的燃烧过程以及不同燃料混合燃烧过程所存在的相互影响机制，作者研究团队在上述炉排炉床层燃烧模型的基础上，进一步开发了适用于混合燃料的多组分床层燃烧模型[163]。其基本思路同上但由于考虑各自燃料的属性，因此分别对各燃料设置控制方程，混合燃料对应的控制方程式为

$$\frac{\partial}{\partial t}[\alpha_{s,n}\rho_s(1-\varepsilon)] + \frac{\partial}{\partial y}[\alpha_{s,n}\rho_s(1-\varepsilon)v_s] = -S_{sg,n} \tag{6-25}$$

式中：角标 n 表示固相组分个数（假定两种组分进行混合，$n=2$）。

两种燃料都具有相似的成分，包括水分、挥发物、炭和灰分。为了捕捉燃烧过程中每个组分的传质，每个物质 $Y_{i-n,s}$ 的控制方程式为

$$\frac{\partial}{\partial t}[\alpha_{s,n}\rho_s(1-\varepsilon)Y_{i-n,s}] + \frac{\partial}{\partial y}[\alpha_{s,n}\rho_s(1-\varepsilon)v_sY_{i-n,s}] = R_{i-n,s} \tag{6-26}$$

式中：$R_{i-n,s}$ 代表由非均相反应确定的物质的净消耗。

能量传输方程也针对每种燃料成分求解如下

$$\frac{\partial}{\partial t}[\alpha_{s,n}\rho_s(1-\varepsilon)h_{s,n}] + \frac{\partial}{\partial y}[\alpha_{s,n}\rho_s(1-\varepsilon)v_sh_{s,n}] = \lambda_{s,n}\frac{\partial^2}{\partial y^2}T_{s,n} + Q_{rad,n}(y) + S_{p,n}h_{sg,n}(T_g - T_{s,n}) + Q_{s,n} \tag{6-27}$$

能量方程中的第一项是计算每个时间步的温度变化的非定常项。第二项描述了由于燃料运动（如燃料床收缩）引起的对流传热。等式左边从左到右分别包括传导传热、辐射热源、气固对流传热和异质反应热源。变量 $Q_{rad,n}$ 表示来自填充燃料顶部的每种燃料成分的辐射热通量，由基于每种燃料的体积分数的总热通量 Q_{rad} 计算得出。固体传导 $k_{s,n}$ 是根据每种燃料的成分计算得出的，包括辐射项。

$$k_{s,n} = (1-\varepsilon)\sum_{i=M,VM,FC,ASH}(Y_{i-n,s}k_i) + \frac{\varepsilon}{1-\varepsilon}4\sigma d_{p,n}T_{s,n}^3 \tag{6-28}$$

图 6-13 所示为两种燃料在固定床中混合的示意图。燃料 1 和燃料 2 以各自的体积分数共享一个柱形单元，且假设其均匀混合。模型的验证首先基于实验室尺度固定床反应器内两种不同生物质的燃烧试验开展[164]。

图 6-14 显示了实验测量和燃料床反应器释放 CO 和 CO$_2$ 的模拟结果随时间的比较。试验中在距反应器底部 400mm 处对燃烧后烟气进行采样，模拟中在同一高度获得模拟结果。为保证各燃料本身的属性，首先分别基于单燃料床层模型对玉米秸秆和松木燃烧过程进行模拟。通过与试验对比，确定了两种燃料自身的热解速率和固定碳氧化率。两种燃料的挥发分的热解产物均假定为 CO、CO$_2$、CH$_4$、H$_2$、C$_2$H$_6$、C$_x$H$_y$O$_z$，其中 C$_x$H$_y$O$_z$ 由每种燃料的化学平衡和最终分析决定。图 6-14（a）和图 6-14（b）对两种燃料的单一燃烧都显示出良好的一致性。从气体释放率来看，由于样品重量相对较小且密度较低，秸秆燃烧速度明显更快。此外，秸秆热转化在热解和氧化过程中表现出一定的并发性，碳排放的单峰就是证明。另一方面，对于松木，主要脱挥发分完成后剩余的焦炭继续氧

化，有 CO 和 CO_2 的两阶段释放。

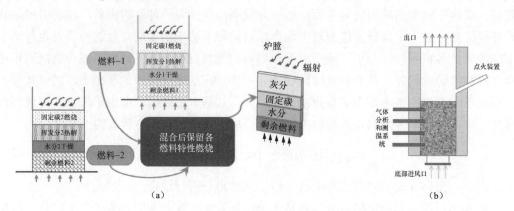

图 6-13　多燃料混合燃烧的燃料床模型和反应器的示意图

（a）燃料床模型；（b）固定床燃烧装置

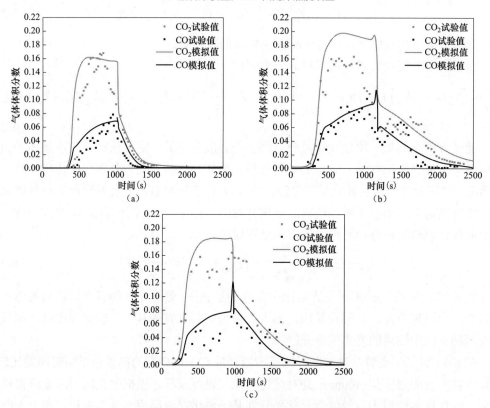

图 6-14　气体组分的模拟结果验证

（a）秸秆；（b）松枝；（c）50%秸秆+50%松枝混合

　　双组分混合燃料在炉排炉内的燃烧模拟。在对具有确定动力学的单一燃烧进行验证后，根据实验设置直接混合两种燃料以进行模拟。每种燃料都具有保留的特性，包括其密度、直径、反应参数等，这种方法能够以可接受的精度重现试验结果，并通过与固定床试验验证，证明了多组分混合燃烧模型。随后将该模型用于工业炉排炉的燃烧过程模拟中，并以低灰分燃料（lowash fuel，LAF）和高灰分（high-ash fuel，HAF）燃料混合来分析混合燃料比对燃烧过程的影响。图 6-15 所示为实际炉排上两种不同灰分燃料按照与单燃料供给条件下的相同发热量进行混合燃烧的模拟结果。每种燃料的动力学是在混合之前单独确定的，因此区别反映在两种燃料的质量分数的减少和总燃料消耗率的差异上。从图 6-15（a）脱挥完成后，留在炉排上的大部分物质是来自高灰分燃料的灰分。此外，图 6-15（b）显示 LAF 的平均消耗率低于 HAF。这是因为对于基于 50%能量的 LAF 混合，LAF 在总燃料含量中仅占 30%的质量分数。此外，HAF 在脱挥发分初期上升较快，碳氧化完成时间早于 LAF，这也与其具有较高的 VM/FC 比相对应。

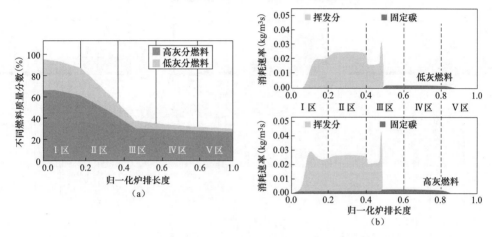

图 6-15　高灰和底灰燃料混合比为 50%:50%的燃烧质量消耗

（a）质量变化；（b）燃料中不同组分燃烧速率

进一步利用该模型开展了不同混合比例下对炉排炉性能的影响研究，如图 6-16 所示。不同类型燃料的共燃混合是以能量为基础的，确保向熔炉中提供相同的能量。研究了三种混合比例，即 50%低灰燃料、60% 低灰燃料和 70%低灰燃料，如表 6-6 所示。由于本研究中使用的两种燃料的热值差异，三种情况分别对应于低灰燃料的质量分数为 30%wt、40%wt、50%wt。图 6-16（a）和图 6-16（c）显示在相同空气供应留下的可燃成分的演变，包括留在炉排上的挥发性物质和焦炭。较高的低灰燃料比率意味着可燃成分的比例增加。此外，从图 6-16（d）和图 6-16（f）所示的炉膛温度可知，以温度等值线中的 1100K 等温线为参考，扩大的高温区进一步证明了较高的低灰燃比改善了燃烧。

图 6-17（a）显示了不同混合比的效率比较，其中 Q1～Q5 分别表示固态未燃尽热损失、气相未燃尽碳热损失、锅炉对外热损失、低灰热损失和排烟热损失。增加低灰燃料比率可提高热效率，这是由于在保证输入量相同条件下，当前采用的高灰燃料需要更多的给料量进而产生更多的烟气，而由于高灰燃料的长燃烧时间也使得固态未燃尽碳热损失增加，这导致随着高灰分燃料的增加而烟气热损失和未燃尽碳热损失增加。此外，虽然低灰燃料比例的增加而提高了效率，但为了获得更好的结果和更多的经济效益，更好的建议是使用较少的低灰燃料来消耗更多的高灰燃料以达到最佳状态。因此，以 50%能量比例的低灰燃料与高灰燃料混合被看作是基于当前模拟结果的最佳混合比，如图 6-17（b）所

示。对于标准条件（过量空气系数为 1.5，一次风 PA 与二次风 SA 分配比率为 41%:59%），
50%能量比例的低灰燃料燃烧效率为 84.43%，比低灰燃料单独燃烧低 0.88%左右。此外，
在不增加低灰燃料的情况下，可以通过重新布置空气供应来进一步提高效率。对于过量
空气为 1.5 时，若一次风和二次风比例重新分配为 47%:53%时，热效率可以达到 85.53%。
结果表明，基于多燃料混合的床层燃烧模型，可以更深入研究使用不同的方法来实现相
同的锅炉系统目标效率，例如，通过调整混合比或总过量空气或 PA 与 SA 的比例，可以
实现 85%~86%的效率，这为更有效利用固废或者生物质提供了有效的理论支撑。

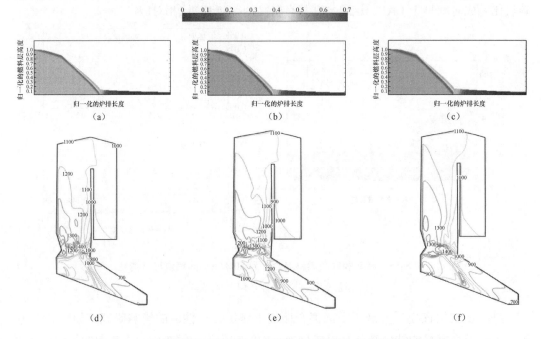

图 6-16　不同混合比下混合燃料在炉排上及炉膛内部的燃烧温度比较

（a）燃料比 50%:50%；（b）燃料比 60%:40%；（c）燃料比 70%:40%；

（d）温度分布-燃料比 50%:50%；（e）温度分布-燃料比 60%:40%；（f）温度分布-燃料比 70%:30%

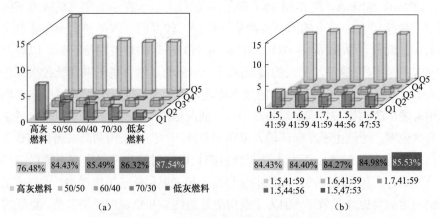

图 6-17　不同混合比条件下的效率比较

（a）不同燃料混合比；（b）不同空气过量系数和一、二次风配比

6.4 炉排炉燃烧过程的NO$_x$生成和抑制的模拟研究

6.4.1 固废焚烧过程氮元素转换过程的数值模拟

生物质或者垃圾在燃烧过程中会产生一定的NO$_x$，通过将NO$_x$生成模型耦合上述炉排燃烧模型，对来自燃料床的排放产生更准确地预测。炉排炉燃料燃烧产生的NO$_x$有3条途径。分别为热力型NO$_x$、快速型NO$_x$和燃料型NO$_x$。对于直接燃烧的固体燃料，氮元素的主要来源是以有机化合物的形式与燃料中其他元素结合的方式。该路线基于氮元素存在行为分为两种方式：一个是将结合在挥发性物质中的氮原子分解成气态前驱体，然后可以将含氮前驱体氧化形成 NO；另一个是直接氧化结合在碳基质中的氮。此外，生物质与煤炭之间存在一些差异。首先是燃料转化过程中含氮前驱体气体释放的比例。生物质中的氮主要存在于蛋白质和氨基酸中[165]，因此木质生物质释放的NO$_x$前体主要是 NH$_3$，而煤则为 HCN。其次是生物质的燃烧温度相对低于煤炭。因此，对于生物质而言，与燃料型 NO$_x$ 相比，热力型 NO$_x$ 形成途径几乎可以忽略不计。图 6-18 所示为生物质燃烧过程氮元素的迁移情况。

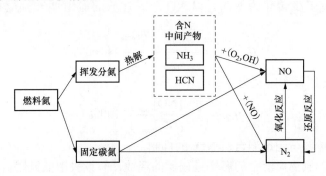

图 6-18　氮元素的反应路径示意图

表 6-5 所示氮的转移模型直接耦合入上述的炉排炉中，获得燃料燃烧过程产生的各种含氮产物，主要为 NO$_x$、HCN 和 NH$_3$。这些含氮组分进入炉膛后，则主要采用后处理污染物模型计算 NO$_x$ 的生成[169]，这也是燃料在锅炉内燃烧过程气态氮元素迁移的主要模型方法。

表 6-5　　氮元素的转换机理模型[166~168]

反应	速率
HCN reactions	
$4HCN + 7O_2 \longrightarrow 4NO + 4CO_2 + 2H_2O$	$r_{HCN,1} = 1.0 \times 10^{10} X_{HCN} X_{O_2}{}^a \exp(-280461.95 / RT)$
$2HCN + 5NO \longrightarrow 7/2N_2 + 2CO_2 + H_2O$	$r_{HCN,2} = 3.0 \times 10^{12} X_{HCN} X_{NO} \exp(-251151 / RT)$
NH$_3$ reactions	
$4NH_3 + 5O_2 \longrightarrow 4NO + 6H_2O$	$r_{NH_3,1} = 4.0 \times 10^6 X_{NH_3} X_{O_2}{}^a \exp(-133947.2 / RT)$
$NH_3 + NO + 1/4O_2 \longrightarrow N_2 + 3/2H_2O$	$r_{NH_3,2} = 1.8 \times 10^8 X_{NH_3} X_{NO} \exp(-113017.95 / RT)$

反应	速率
NO heterogeneous reaction	
$C(s) + NO \longrightarrow 1/2N_2 + CO$	$r_{\text{NO-C(s)}} = 2.258T\exp(-6341/T)X_{\text{NO}}(1-\varepsilon)\rho_s Y_{\text{char}}$

对于炉排上燃料燃烧过程氮元素的迁移模型可详见已发表文献[170]。该模型定义了两种转化率以促进 NO_x 还原效率的量化。另外一些变量被定义来表示氮元素的不同物质的生成比例，$\theta_{\text{TFN/FBN}}$ 表示燃料结合氮（FBN）转化为从燃料床释放的总固定氮（TFN）。TFN 也表示为固体燃料在炉排上燃烧释放的含氮气体进入炉膛部分的总量。因此，TFN率是根据混合气体的流量和包括 NH_3、HCN 和 NO 在内的所有氮物种的质量分数计算的，FBN 是由燃料供给率和燃料中的氮含量计算得出的，即

$$\theta_{\text{TFN/FBN}} = \frac{\left(\dfrac{Y_{\text{NH}_3}}{W_{\text{NH}_3}} + \dfrac{Y_{\text{HCN}}}{W_{\text{HCN}}} + \dfrac{Y_{\text{NO}}}{W_{\text{NO}}}\right) \cdot W_{\text{N}} \cdot m_{\text{fuelbed}}}{m_{\text{biomass}} \cdot Y_{\text{N}}} \times 100\% \tag{6-29}$$

燃料氮元素向 NO_x 排放的总转化率用 $q_{\text{NO}x/\text{FBN}}$ 表示，表示在整个燃烧过程中进入炉排炉的 FBN 有多少转化为 NO_x。以 NO 形式排放的氮由烟气流量和 NO 分数获得

$$\theta_{\text{NO}_x/\text{FBN}} = \frac{Y_{\text{NO}}\dfrac{W_{\text{N}}}{W_{\text{NO}}}m_{\text{fluegas}}}{m_{\text{biomass}} \cdot Y_{\text{N}}} \times 100\% \tag{6-30}$$

此外，NO 还原效率定义为

$$\eta_{\text{NO}} = \left(1 - \frac{[\text{NO}]_{\text{co,i}}}{[\text{NO}]_{\text{base}}}\right) \times 100\% \tag{6-31}$$

6.4.2 低氮燃料与固废混合对 NO_x 的抑制

为模拟不同含氮物质混合的燃烧过程氮的释放，假设采用低氮燃料与上述所述的固体燃料混合，当前模拟研究采用 CH_4 作为低氮燃料。图 6-19 所示为以不同比例 CH_4 作为代替燃料后生物质燃料中氮元素的释放情况，其中氮的释放速率明显与燃料的燃烧状态相关。在所设定工况中，燃料炉排被分成五个区域。在第一个区域中，不存在含氮的气体组分，因为生物质在初始阶段经历了主要的加热和干燥。含氮气体释放主要发生在第二和第三区域，并在末端达到峰值。从床高的降低来看，这种释放模式与燃料中可燃成分的主要消耗同时发生。此外，比较各个物种的轮廓，可以注意到 NH_3 的峰值比 HCN 高得多，而 HCN 浓度比其他两种物种小 10 倍。此外，图 6-19（d）表示燃料结合的氮中间物质的转化，大部分氮以 NH_3 形式离开填充燃料。这是因为在生物质燃料的热解过程中，NH_3 的释放量比 HCN 的释放量大。

当 CH_4 以一定比例替代生物质时，在炉排炉输入热量不变的条件下，必然导致炉排上固体堆积量降低和固体燃料供给率减小，这种情况不仅意味着床上的燃料填料较低，从而导致气流阻力较小，而且还导致固体燃料燃烧更充分地氧化。从图 6-19（a）、6-19（e）和图 6-19（c）中的燃料床高度变化来看，当固体燃料进一步减少时，燃料消耗完成得更早，这是由于采用 CH_4 替代燃料且一次风二次风比例不变，因此导致路牌上

一次风的化学计量比变高，燃料燃尽就越快[171]。此外，模拟结果也表明在较大的一次风供给下燃烧时，燃料结合氮向气态氮化合物（TFN）的转化率提高。当 SR 从 0.62 上升到 0.89 时，转化率增加了 7.8%。此外，更多的氧气会促进放热的氧化反应，从而提高燃烧温度，进一步提高了氮的转化率。

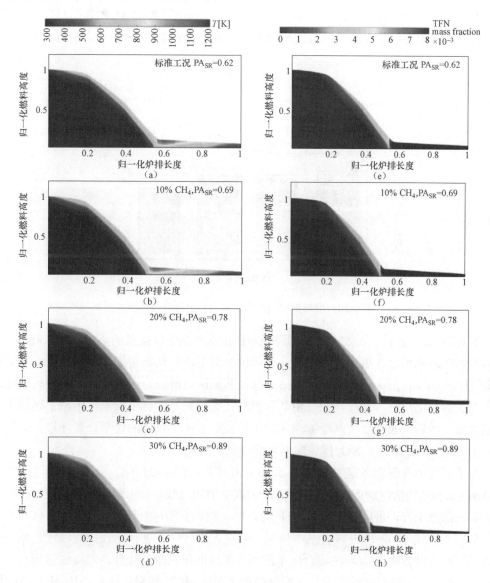

图 6-19　不同一次风条件下的温度以及 N 元素释放

6.4.3　甲烷分级燃烧对炉排炉内 NO$_x$ 生成的影响

在锅炉现有结构的基础上，在不改变锅炉任何结构的前提下，通过位于墙体两侧的上下两排各 8 个二次风喷嘴以对冲流方式注入 CH$_4$。二次风喷嘴的两个平面可以看作是两个独立的部分，从下平面注入的 CH$_4$ 将其变成二次燃烧区域，上平面作为燃尽区。尽管狭窄的上下两排喷嘴限制了可燃性气体组分在燃烧区的停留时间，但仍然对如何降低固废燃烧过程 NO$_x$ 的生成具有指导意义，因为这种方式对现有锅炉的改动最小。化学计量比影响 $q_{TFN/FBN}$ 转换，因此，在当前模拟研究中，炉排上的燃料类型的选择与一次风配比保持不变。

图 6-20 显示了不同甲烷掺混比例下，固体燃料中所含氮物质释放速率。结果表明，当甲烷分数增加时，TFN/FBN 转换没有显著改变。而氮元素的转化率略有上升，这可能是因为炉排上的燃料堆积较薄，气流更容易流过进而促进燃料的燃尽。

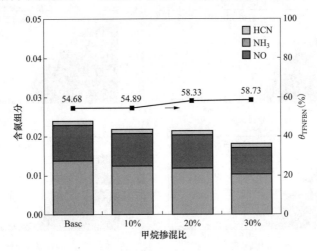

图 6-20　甲烷掺混比例与含氮气体组分分布情况

图 6-21（a）显示了基线情况不同路径对燃烧后产生 NO 排放的贡献，可以看出，与燃料型 NO 形成相比，热力型 NO 为几乎可以忽略不计。这表明甲烷共燃可以积极地减轻烟气中的 NO$_x$，最大还原效率高达 38.6%，其原因可解释为：首先，二次燃料供应增强了 NO 的氧化反应；其次，通过用低氮燃料（如甲烷）替代生物质，削减了燃料中的总氮含量；最后，通过二次风喷嘴注入的甲烷创造了一个较低的化学计量环境，抑制了 NO 的形成，从而抑制了 NO$_x$ 排放到燃料结合氮的转化。

为了更好地理解燃烧室中的含 N 组分相互作用，图 6-21（b）分别显示了情况 I-1 到情况 I-3 和基线情况的 NO、NH$_3$、HCN 形成率的等值线。对于基线情况，在炉排的第二和第三部分上方，可以确定最大 NO 形成率，并伴有 NH$_3$ 消耗。因此，NH$_3$ 倾向于与氧气反应并生成 NO。此外，将基本情况与掺烧天然气情况进行比较，可以注意到，由于固体燃料中的 NH$_3$ 较少，主混合区域的 NO 形成面积减少。此外，可以注意到有一个 NO 消耗区域，同时它也对应于二次空气喷射之前的 HCN 耗尽。因此，HCN 与 NO 的反应导致直接耗散。此外，较低的一次气流为还原反应创造了更大的扩展区域。因此，产生的总燃料 NO 较少。

图 6-22（a）、图 6-22（e）和图 6-22（d）显示了从生物质释放的拟气态挥发性 C$_l$H$_m$O$_n$ 的再燃烧率，图 6-22（e）～图 6-22（h）则表示了所掺烧 CH$_4$ 的再燃烧率。首先，比较图 6-22（i）、图 6-22（e）和图 6-22（l），很明显炉排上方的 HCN 形成来自挥发性化合物的再燃烧。增加甲烷替代会导致更高的生成强度，但这种再燃烧的反应面积会缩

小。另一方面，对于 CH$_4$ 再燃烧，最大再燃烧速率升高和再燃烧面积扩大都可以通过提高 CH$_4$ 注入来确定。此外，挥发性重燃比 CH$_4$ 重燃具有更大的反应速率，这可能是图 6-21（a）所示燃料型 NO$_x$ 下降的原因。

为提高效率而进行的锅炉调整过程中的主要问题之一是烟道气流的切断会影响排放稀释。如前一节所述，共燃可以降低 NO$_x$ 排放水平，因此本节讨论了不同过量空气系数对效率和 NO$_x$ 排放的比较。为了将主要的转化过程，尤其是燃料 N 的释放保持在最小的变化水平，SRPA 保持不变，多余的空气被从二次空气中去除。

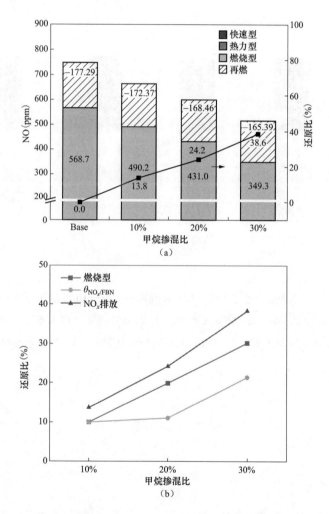

图 6-21　不同 CH$_4$ 掺混比下的 NO$_x$ 释放量和炉排炉不同阶段的 N 还原率
（a）不同 CH$_4$ 掺混比下的 NO$_x$ 释放量；（b）炉排炉不同阶段的 N 还原率

图 6-22（a）显示了混合燃烧情况下的效率，其中未掺混 CH$_4$ 的基准工况热效率为 87.45%。对于所有的 CH$_4$ 与生物质混燃工况，过量空气从 1.5 减少到 1.3 可以导致效率增加 1%以上，因为这将减少导致烟囱损失的烟气流量，这也是炉排炉燃烧过程中最大的热损失。其中 CH$_4$ 替代量越多，效率越高，当 CH$_4$ 替代生物质 30%且采用 1.3 的过量

空气系数时，效率可高达 89.52%。图 6-22 比较了相同喷射量下不同过量空气的修正排放量，在过量空气较少的情况下，出口 NO_x 排放水平几乎没有变化，且除了燃料在炉排上燃烧发生变化，重燃水平也有显著变化。对于 10%和 20%的 CH_4 掺混比，较少的过量空气供应会提高再燃水平。

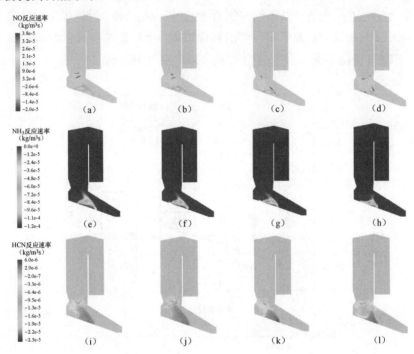

图 6-22　NO 反应速率云图、NH_3 反应速率云图和 HCN 反应速率云图
（a）标准工况；（b）10%CH_4 掺混；（c）20%CH_4 掺混；（d）20%CH_4 掺混；（e）标准工况；（f）10%CH_4 掺混；
（g）20%CH_4 掺混；（h）20%CH_4 掺混；（i）标准工况；（j）10%CH_4 掺混；（k）20%CH_4 掺混；（l）20%CH_4 掺混

7

污染物的协同脱除

7.1 概　　述

随着对烟气污染物机理的深入研究，探索烟气污染物协同脱除已成为最具应用前景的技术之一。本章重点分析了现有烟气污染物协同脱除的技术应用，主要包括 VOC 与汞协同脱除、Cl、S、PCDD/Fs 及汞的协同脱除、热力性 NO_x 与活性 Cl 的协同脱除、脱硫废水与细颗粒物协同脱除以及催化剂调控，其中 VOC 与汞协同脱除的机理在于吸附条件以及机理的相近性，Cl、S、PCDD/Fs 及汞的协同脱除依托于低温等离子体技术，结合湿法脱硫系统以及吸附法，利用它们之间的相互作用，对 S、Cl、Hg、PCDD/Fs 污染物进行协同脱除，热力型 NO_x 与活性 Cl 的协同脱除是通过 SCR 脱硝过程中的金属催化剂，催化还原 NO_x 以及催化氧化某些有机氯化物实现的。在相近温度区间内同时实现热力型氮催化还原和活性氯催化氧化，脱硫废水与细颗粒物协同脱除是以烟道蒸发技术为基础，结合湍流团聚技术来达到清洁目的的。协同脱除的本质是在一个设备内同时脱除两种及以上烟气污染物，或者为下一流程设备脱除污染物创造有利条件，是一种高效、经济的实现多种污染物同时去除的方法。侯勇等[172]在某燃煤电厂开展的活性炭喷射耦合布袋除尘协同脱除燃煤烟气多污染物的实验结果表明活性炭喷射对有机物特别是SVOC 脱除效果显著，并且可以协同脱除燃煤烟气中气态汞、可凝结颗粒物。位于大连以电袋复合除尘器为核心的烟气环保岛联合多种工艺技术实现了 SO_2、NO_x 等多种污染物的协同脱除且各烟气治理设备间的协同作用效果显著[173]。而现有烟气净化协同脱除工艺以某 660MW 燃煤机组为例，经此技术后，烟尘、氮氧化物（NO_x）、二氧化硫（SO_2）及汞（Hg）等污染物排放指标均能达到超净排放限值的要求[174]。由此可以得出在一定的工艺和设备条件下，污染物的协同脱除可以取得不错的效果。

7.2　VOC 与汞的协同脱除

汞与有机化合物会发生汞化反应（即有机化合物分子中的氢被汞取代），其生成的有机汞化合物如甲基汞、二甲基汞大多具有较强的毒性，为毒性有机物。烟气温度在 100~150℃区间时，烟气中主要的有机污染物是 VOCs 和 SVOC，且在此温度区间活性炭喷射对有机化合物有较好的脱除效果[172]。在利用掺硫介孔碳吸附剂 MCM-900-1：6 对汞进行脱除时，温度区间较广，在 50～150℃下脱汞效率高达 90%[175]。可见汞和 VOC 的脱除在 100～150℃温度区间具有重叠性，而且两者均可通过吸附法完成脱除。因此，在此温度区间通过利用吸附剂和催化剂可实现两者的高效脱除。

7.2.1　VOC 与汞的脱除机理

VOC 的处理多采用捕集回收利用技术，即吸附吸收、富集分离出烟气里的 VOC，达到集中处理的目的，例如活性炭吸附工艺、超低温冷凝技术等。图 7-1 为 VOC 与汞脱除机理。对于烟气中汞的治理，则要根据汞的颗粒态汞（Hg^P）、氧化态汞（Hg^{2+}）和元素态汞（Hg^0）这三种不同状态的物理和化学性质进行脱除，目前最成熟的烟气脱汞技术为吸附脱汞技术，具有较高效率的吸附剂为活性炭纤维。两者均可通过吸附法达到脱除的目的，因此两者协同脱除也从此方法着手。

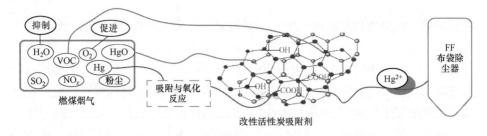

图 7-1　VOC 与汞脱除机理图

吸附法的脱除机理主要分为物理吸附和化学吸附。物理吸附是利用活性炭等具有的较高比表面以及丰富的孔隙结构对两者进行吸附，进而将其氧化。化学吸附主要是由其表面存在的化学官能团、杂原子以及化合物决定的[176]。化学吸附主要是吸附剂表面官能团如羟基（—OH）、羰基（C=O）、羧基（—COOH）等参与氧化反应[177]。以活性炭为代表的吸附剂，孔隙多，比表面积较大，通过化学杂合力、离子吸引力、范德华力等作用，可将烟气中的重金属离子以及有机化合物吸附到活性炭孔隙中，从而达到协同脱除 VOC 与汞的目的。

7.2.2　VOC 与汞的脱除效率

通过查阅相关文献，可知 VOC 与汞的目前的脱除形式主要是吸附脱除法，且两者在吸附脱除温度区间以及脱除机理中存在一定的交集和相似性。目前已有多名学者对两者脱除进行实验研究，其中陈琳[178]通过对改性 SCR 催化剂协同脱除烟气中 NO 与 VOCs 展开实验研究，在多方位阐述催化剂改性与协同实验过程中，最终获得的较优改性催化剂可达到 90%的 VOCs 脱除率；狄冠丞等[175]通过模板法制备的掺硫介孔碳吸附剂 MCM-900-1:6 脱汞温度区间较广，在 50～150℃下脱汞效率高达 90%。而刘子红[179]则通过放大规模台架上的实验对实际燃煤烟气多种污染物联合脱除的效果展开研究，实验表明，在改性活性炭纤维协同脱除实验中，汞的脱除效率平均在 95%以上，VOC 的脱除效率则达到了 54.17%。由此可见利用活性炭吸附法，在一定的温度区间和条件下，汞与 VOC 的协同脱除取得了显著成效。

7.2.3 协同脱除的影响因素

由于汞与 VOC 的物理性质和化学性质存在差异，不同影响因素（如氧气、二氧化硫等）对其协同脱除的效果影响具有差异性。刘子红[179]则通过实验探究了不同物质对多种污染物协同脱除的影响。通过刘子红的实验可知，O_2 和 NO_2 组分由于在含氧官能团的作用之下，能否分解释放出，对 SO_2、NO、Hg^0 这几种污染物均具有积极的促进作用，不过低温条件下，对 VOC 的氧化作用较弱。此外，刘子红等[180]还对 SO_2 和 NO 在 ACF 低温脱除模拟燃煤烟气中 VOC 的影响展开了研究，结果表明 SO_2 和 NO 对 VOC 在 ACF 上的吸附具有抑制作用，且随着两者浓度的增加，抑制作用也增强。刘子红等[180]通过对 ACF 吸附剂进行化学改性，同时考察氧气、温度、水蒸气等因素对 ACF 脱除甲苯的影响，结果表明，水蒸气对脱除有抑制作用。由此可见，吸附剂、催化剂本身的性能以及 SO_2 和 NO 等的含量浓度均会对脱除效率产生影响。

7.2.4 协同脱除优势与难点

目前来看，协同脱除优势与难点主要集中在吸附脱除技术本身。其相较于其他技术来说，工艺相对简单，且成本较低，但与此同时吸附脱除技术在一定程度上遇到了阻碍，从成本方面来看，存在工艺成本高、维护成本高、耗材费用高等"三高"劣势[181]，还增加了后续除尘装置的处理负担；从技术方面看，目前的吸附剂脱汞技术仍不成熟，吸附剂达到饱和后需要进行二次处理[182]，因此仍需对吸附剂进行改性和创新研究以此来进一步提高协同脱除的效率。协同脱除研究方向将主要放在如何提高吸附剂的循环再生性以及吸附-催化一体化脱汞。

7.3 Cl、S、PCDD/Fs 及汞的协同脱除

氯元素在高温条件呈活性氯原子，且之后生成的氯化有机物一般具有毒性。氯元素是固定毒性重金属汞的重要因素，同时是生成氯取代 PCDD/Fs 的必要元素，为此协同控制存在一定此消彼长的关系。而以 SO_2 为代表的硫化气体和以 HCl 为代表的有机氯化污染物是引起酸雨、温室效应等问题出现的主要因素，而常温下无色透明液体 PCDD/Fs 能在土壤中长期附存，具有人体致癌和致畸变等严重危害[183]。因此，研究 Cl、S、PCDD/Fs 及汞的协同脱除以降低它们对人类及环境造成的伤害具有极高的现实意义。

7.3.1 污染物的生成与脱除机理

（1）硫和汞的协同脱除。目前造成大气污染的主要原因为含汞烟气的排放[184][185]，且其中 Hg^0 约占总量的 80%，由于 Hg^0 稳定性好，不溶于水[186]，使得烟气脱汞存在一定困难。湿法脱硫系统应用广泛，而且有一定的协同脱汞能力，利用湿法脱硫系统协同脱汞可大幅降低脱汞的成本，并且符合我国现状，具有良好的发展前景。同时烟气中的 Hg^{2+} 易溶于水，湿式脱硫装置可去除烟气中的大部分 Hg^{2+}。而 Hg^0 性质稳定，难溶于水，因此湿法脱硫系统对 Hg^0 的去除率很低[186]。英国的 B&W 公司最早发现溶解在脱硫浆液中的 Hg^{2+} 会被还原成 Hg^0 重新释放出来，造成二次污染，降低湿法脱硫系统协同脱汞率。因此，降低 Hg^{2+} 的还原再释放率是提高湿法脱硫协同脱汞效率的关键所在。

脱硫浆液的离子成分比较复杂，主要包括 SO_3^{2-}、Ca^{2+}、Mg^{2+}、Cl^- 等，而且这些共存离子对 Hg^{2+} 的还原再释放有较大影响[187]。

许多研究者认为，当 SO_3^{2-} 浓度较低时，脱硫浆液中的 SO_3^{2-} 和 Hg^{2+} 发生反应，生成不稳定的 $HgSO_3$，$HgSO_3$ 在水溶液中容易分解产生 Hg^0，导致 Hg^{2+} 的还原再释放率高。其反应式如式（7-1）和式（7-2）所示，反应过程如图 7-2 所示。

$$SO_3^{2-}+Hg^{2+} \rightleftharpoons HgSO_3 \tag{7-1}$$

$$HgSO_3+H_2O \rightleftharpoons Hg^0 \uparrow +SO_4^{2-}+2H^+ \tag{7-2}$$

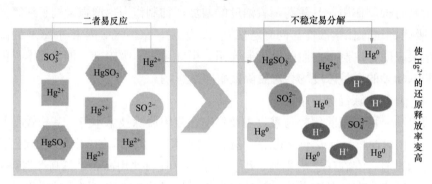

图 7-2　当 SO_3^{2-} 浓度较低时脱硫浆液中的主要反应示意图

但是当 SO_3^{2-} 浓度达到一定值时，$HgSO_3$ 和 SO_3^{2-} 发生反应，生成的 $Hg（SO_3）_2^{2-}$ 比 $HgSO_3$ 更稳定，较难被还原成 Hg^0，所以随着 SO_3^{2-} 浓度的增大，Hg^{2+} 的还原再释放率下降。其反应式如式（7-3）和式（7-4）所示，反应过程如图 7-3 所示。

$$HgSO_3+SO_3^{2-} \rightleftharpoons Hg（SO_3）_2^{2-} \tag{7-3}$$

$$Hg（SO_3）_2^{2-}+H_2O \rightleftharpoons Hg^0 \uparrow +2SO_4^{2-}+2H^+ \tag{7-4}$$

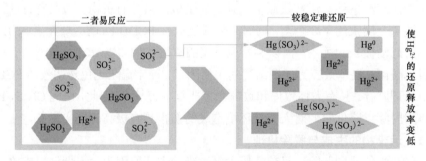

图 7-3　当 SO_3^{2-} 浓度较高时脱硫浆液中的主要反应示意图

同时还有研究表明，Cl^-、Ca^{2+}、Mg^{2+} 均能够有效抑制 Hg^{2+} 的还原再释放，并且随着浆液中 Cl^-、Ca^{2+}、Mg^{2+} 浓度的增大，抑制汞还原再释放的效果越好。

而为了提高协同脱汞的性能，一方面可以改善湿法脱硫系统的操作条件；另一方面可以在脱硫浆液中加入氧化性添加剂提高 Hg^0 催化氧化成 Hg^{2+} 效率，或者加入汞稳定化添加剂促使 Hg^{2+} 生成稳定的沉淀物。

（2）Cl、PCDD/Fs 及汞的协同脱除。低温等离子体协同脱除技术能够有效脱除烟气

中的 NO_x、SO_2、HCl、Hg^0、$PCDD/Fs$ 等污染物，具有污染物去除效率高、反应器结构简单、适用范围广等优点[188]。国内的垃圾焚烧电厂基本没有使用低温等离子体协同脱除技术，目前仅存在少量的中试和工业应用案例，陈正达等[189]采取脉冲电晕放电技术，以脱除垃圾焚烧烟气中的 $PCDD/Fs$ 为主要目标进行了中试实验研究，工艺流程图如图 7-4 所示。试验气体为浙江某垃圾焚烧电厂布袋除尘后端部分的烟气，温度为 120～140℃，烟气中 O_2 的体积分数为 8%～11%，含水率为 19%～30%（体积分数）。结果表明在上述条件下，$PCDD/Fs$ 毒性当量分解率可达 89% 以上。

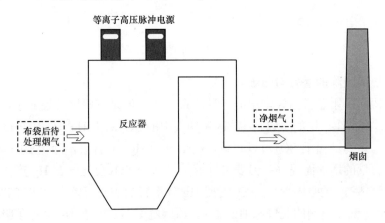

图 7-4　低温等离子体法脱除二噁英工艺流程图

而在实际的研究应用中，一般会针对其中几种污染物的组合进行深入的探讨。协同脱除 $PCDD/Fs$ 和重金属是目前低温等离子体脱除技术的主要发展方向，实践证明该技术脱除效率较高，有望可以替代活性炭喷射技术，可以有效减少飞灰的处理量，从而降低二次污染的风险。考虑到在脱除过程中常加入 H_2O、NH_3 作为添加剂，认为是可以协同脱除掉烟气中的 HCl[190]。

（3）Cl、S、$PCDD/Fs$ 及汞的协同脱除。碳基材料普遍具有良好的吸附性能、较大的比表面积和大量的官能团，且性能稳定、来源广泛，因此被广泛应用于污染物治理领域。对于烟气污染物的相关研究表明，碳基材料对于 NO_x、SO_2、HCl、Hg^0、$PCDD/Fs$ 等均有吸附脱除作用。但目前这方面的研究应用大多集中于对 Hg^0 和 $PCDD/Fs$ 的协同脱除，较少对 NO_x、SO_2、HCl 等污染物的吸附脱除研究应用。典型的工艺流程如图 7-5 所示。

式（7-5）～式（7-7）为活性焦协同脱除 S、Cl 等污染物的反应过程。SO_2 可被活性焦吸附，发生式（7-5）所示反应，若在 NH_3 存在的环境下还会进一步发生式（7-6）所示反应。HCl 一般是被活性焦吸附脱除，仅在 NH_3 存在的情况下会发生式（7-7）所示反应。

$$2H_2O+2SO_2+O_2 \longrightarrow 2H_2SO_4 \tag{7-5}$$

$$2NH_3+H_2SO_4 \longrightarrow （NH_4）2SO_4 \tag{7-6}$$

$$4NH_3+HCl \longrightarrow NH_4Cl \tag{7-7}$$

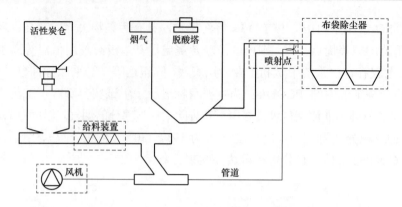

图 7-5　活性炭管道喷射工艺流程

7.3.2　协同脱除的潜力与困难

除尘器协同脱汞是目前较常用的一种脱汞方式，但是有研究结果显示，SO_2 对除尘器脱 Hg 的影响存在一定的争议，通常认为烟气中的 SO_2 对于 Hg^0 转化为 Hg^{2+} 是有利的。王运军等[191]认为，由于 SO_2 可以有效提高烟气中 Hg^{2+} 的含量，除尘器的脱 Hg 效率会随着煤中硫含量的增加而提高；但姜末汀等[192]认为 SO_2 会与气态 Hg 产生竞争吸附，影响飞灰对气态 Hg 的吸附效率。SO_3 对脱 Hg 效率影响的研究较少，STOSTROM 等[193]认为，SO_3 会降低吸附剂的脱气态 Hg 效率，原因是 SO_3 和气态 Hg 会竞争吸附剂的活性表面[194][195]。并且，竹涛等[196]总结出 SO_2、HCl 等酸性物质对低温离子体协同脱除汞与 PCDD/Fs 类似物存在竞争关系，对协同脱除这些物质需要进一步研究。

华晓宇[197]采用一系列方法，考察了热脱附再生对 CeO_2/AC 催化吸附剂性能的影响以及 SO_2 和 Hg 的解吸附规律，同时对 CeO_2/AC 催化吸附剂的再生机理进行了探讨，结果表明，CeO_2/AC 再生后，汞基本以 Hg^0 形态释放，其中大量与 270℃时溢出，小部分于 530℃时溢出，并且当再生温度达到 300℃时，汞的溢出率高达 90%；而对于 SO_2 而言，其在 225℃左右开始溢出，320℃左右开始大量溢出。二者结合，协同再生温度应定在 320℃以上。

目前协同脱除的应用研究与未来发展趋势见表 7-1。

表 7-1　　　　　　　　　　目前协同脱除的应用研究与未来发展趋势

年份	协同脱除技术	相关介绍	参考文献
2017	$NaClO/NaClO_2$、$H_2O_2//NaClO_2$ 两组复合氧化剂进行氧化剂协同石灰石同时脱硫脱汞	SO_2 脱除率在 98% 以上，Hg^0 脱除率在 80% 左右，氧化剂在脱硫浆液中解离产生了含氯自由基，大幅度提升了湿法脱硫系统的同时脱硫脱汞的效率	[198]
2018	载银稻壳气化焦脱汞协同脱硫脱硝	在模拟烟气下，Hg^0 吸附容量为 45.92μg/g，脱硫和脱硝效率分别为 50.3% 和 41.7%，表明载银稻壳气化焦对 Hg^0、SO_2 和 NO 具有良好的协同脱除效果	[199]
2019	采用 NaClO 和 $NaClO_2$ 为复合氧化剂，利用半干法协同脱除硫和汞	在一定条件下，SO_2 和 Hg 的脱除效率分别最高可达 97.96% 和 63.12%，SO_3 脱除效率甚至可以达到 100%	[200]

续表

年份	协同脱除技术	相关介绍	参考文献
2020	电化学处理脱硫废水协同去除燃煤烟气中的 Hg^0	Hg^0 氧化率随 Cl_2 添加量的增大而增大，随电流速增加而降低，在 350℃时氧化效果最好；Cl_2 在 200～350℃内均能保持较高 Hg^0 氧化效果	[201]
2021	ZSM-5 分子筛协同脱硫脱硝脱汞	ZSM-5 是一种沸石分子筛，热稳定性好，能够实现循环使用，具有两种相互交叉的孔道体系。由纯 SiO_2 合成的 ZSM-5 分子筛价格低廉，在环保领域应用十分广泛	[202]
2022	碳基材料协同脱除技术	碳基材料普遍具有良好的吸附性能、较大的比表面积和大量官能团，且性能稳定、来源广泛，因此被广泛应用于污染物治理领域。对于烟气污染物的相关研究表明，碳基材料对于 NO_x、SO_2、HCl、Hg^0、PCDD/Fs 等均有吸附脱除的作用	[203]

7.4 热力性 NO_x 与活性 Cl 的协同脱除

近年来，随着国家对燃煤电厂大气污染物排放要求的逐步提高，尤其是在 2015 年 3 月正式提出"超低排放"改造要求之后，废气污染得到了相对有效的控制。2019 年国家相关部委联合修订《锅炉大气污染物排放标准》，其中对重点地区燃煤锅炉排放要求 NO_x、含 Cl 化合物排放限值分别为 200mg/m³、0.05mg/m³，因此如何降低 NO_x 和活性氯排放成为国内外大气环保研究的重点。燃煤烟气脱硝分步处理存在成本高、能耗大等弊端，因此烟气协同脱除是未来发展的趋势。

7.4.1 热力型 NO_x 与活性 Cl 脱除机理

热力型 NO_x 是指燃烧时空气中的氮气（N_2）与氧在高温条件下反应生成 NO_x。目前脱除氮氧化物的主要方法是低氮燃烧技术、SNCR 脱硝技术、高效 SCR 脱硝技术。其中，对于热力型 NO_x 排放量的控制最有效的是低氮燃烧技术，该方法通过改变燃烧条件，降低燃料点火区氧浓度，利用燃烧过程产生的 H、CO 及 CH 等组分基团来抑制或还原已经生成的 NO_x [204]。活性 Cl 在烟气中主要以 HCl、Cl_2 等形式存在，一般通过除尘器吸附脱氯技术、WFGD（湿法）协同脱氯技术、半干法脱氯技术进行脱除。其中，烟气经过 WFGD 后，气态氯化物的脱除效率达 91.4%～96.4% [205]，对烟气中的 HCl 具有较高的脱除效率。

而热力型 NO_x 与活性 Cl 的协同脱除，可以通过 SCR 脱硝过程中的金属催化剂，催化还原 NO_x 以及催化氧化某些有机氯化物，从而实现协同脱除。以氯代芳香化合物为例，研究最多、最可行的方法是催化氧化法，在重合区间的活性温度窗口，SCR 气氛中的金属催化剂可将氯代芳香化合物直接氧化生成无害的 CO_2 和 H_2O 以及易去除的燃烧产物 HCl 和 Cl_2，然后进一步脱除。

7.4.2 协同脱除的潜力与困难

氯代芳香化合物是一类典型的含氯挥发性有机物，其与 NO_x 均为大气细颗粒物和臭氧的重要前体物。

当前同时催化脱除 NO_x 和氯苯的常用温度范围是 $150\sim300℃$。蒋威宇[206]选用选择性催化还原脱硝商用催化剂（主要成分为 V_2O_5-WO_3/TiO_2），研究其协同净化 NO_x 和氯苯（CB）的催化反应，发现 SCR 反应气氛有利于氯苯在酸性位点上的吸附和脱氯。当反应温度为 $250℃$ 及以上时，NO 的存在能促进氯苯的深度氧化，原因是 NO 会被氧化形成 NO_2，后者有助于 VO_x 物种的再氧化，从而加快钒基催化剂的氧化还原循环。图 7-6 为其催化氧化反应机理。在反应过程中，氯主要以 HCl 的形式从催化剂表面脱除，表面结构羟基簇是 HCl 的主要 H 源。NH_3 会在催化剂表面与水发生竞争吸附，其存在减少了结构羟基簇数量，并抑制了 HCl 的生成。但此温度范围的催化剂活性容易受到其他烟道气成分的影响，例如 SO_2 存在时催化剂的协同净化性能出现明显下降，在 $200℃$ 时催化剂因表面硫铵盐积累而严重失活[207]。

若将用于同时催化脱除 NO_x 和 CB 的活性温度区间设置为 $300\sim550℃$（高温区域），此时催化剂无需考虑抗硫中毒性能，并可直接催化分解 CB，此时 SCR 装置的活性主要受催化剂表面的酸度影响。于宇雷[208]选用 $CeWO_x$ 催化剂协同脱除 NO_x 和氯苯（CB），探究了 NH_3 选择性催化还原（SCR）脱硝与氯苯催化氧化（CBCO）反应间的相互作用机制，发现 NH_3 与氯苯形成了竞争吸附，协同反应中 NH_3 的存在显著抑制了氯苯吸附，导致 CBCO 反应活性降低。另外，$CeWO_x$ 催化剂上氯苯解离生成的氯在氧空位作用下会被活化成 $Cl\cdot$ 自由基，导致催化剂表面发生亲电加氯反应，从而促进多氯苯的生成。

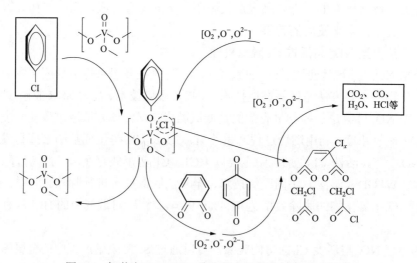

图 7-6　氯苯在 V_2O_5/TiO_2 催化剂上的催化氧化反应机理

另外，在考察协同净化反应中催化剂的催化性能方面，蒋威宇[206]分别在 $200℃$、$250℃$、$300℃$ 下进行了稳定性测试，对 V_2O_5-WO_3/TiO_2 催化剂在反应中的 NO 转化率、氯苯转化率进行了记录，发现各温度下协同净化反应中 NO 转化率都保持稳定，并且随着温度升高，SCR 活性不断提高。而氯苯转化率则有所不同，其呈现不稳定状态：200℃时氯苯的转化率极低，均值低于 15%；反应 10h 后 250℃对应的氯苯转化率从起初的 90% 降至 83%；而 300℃时对应的氯苯转化率则能够稳定地保持在 100%。于宇雷[208]通过改变 Ce/W 比例，对 CeWOx 系列催化剂协同脱除 NOx 和氯苯进行了活性评价。随着 Ce/W 比例的提高，催化剂的反应活性逐渐提高，NOx 及氯苯转化率均得到提升。当 Ce/W 摩尔比达到 8:1 时活性最佳，其中，NOx 的转化率在 230℃以上达到 100%，氯苯的转化率在 330℃以上达到 100%。Huang 等[209]发现与 WO3 相比，MoO3 具有更好的氧化还原能力，对 VOx/TiO2 的掺杂效能优于 WO3，其中 V5Mo5Ti 催化剂在 300 ℃以上氯苯转化率达到 95%，200～400 ℃区间 NOx 完全转化。Gan 等[210]合成了 MnOx-CeO2 并用于同时还原 NOx 和氧化氯苯，研究发现固溶体 MnOx（0.4）-CeO2 催化剂在氧化性和催化剂表面酸性都是最好的，当温度小于 200℃时，NOx 的转化率受到轻微的抑制，而当温度大于 200℃时氯苯的通入对 NOx 的转化率有很大的促进作用，N2 选择性能也得到了很大的提升。这是由于 Mn 具有丰富的价态导致其具有很好的氧化性能，高的氧化性会使 NH3 发生非选择催化还原，当氯苯通入时一定程度上抑制了 NH3 过度氧化成 NO 和 N2O，因此对 NOx 的转化率和 N2 选择性都有很好的促进作用。当 NH3/NO、氯苯、O2 同时存在时，在 50～300℃之间对氯苯的转化率有一定的促进作用，这个促进作用是由于该温度段产生了一定量的 NO2，由于 NO2 的氧化性比 O2 强，所以表现出协同条件下对氯苯的氧化有一定的促进作用。

7.5 脱硫废水与细颗粒物协同脱除

细颗粒物（PM2.5）粒径小，面积大，活性强，易附带有毒、有害物质（例如，重金属、微生物等），且在大气中停留时间长，对人体健康以及大气质量造成危害。脱硫废水的水质特殊且水体污染性强，其含有的氟离子经研究表明过量摄入人体会导致骨骼疾病，严重者会导致癌症及不孕症。而常规除尘方式对穿透悬浮性极强的细颗粒物脱除效果较差，高盐高氯脱硫废水实现零排放难度高，可见两者脱除均存在无法高效脱除的问题，因此，两者协同的高效脱除已经成了污染防治重点。烟道蒸发技术是一种具有良好应用前景的脱硫废水零排放处理技术，经胡斌研究发现，在此技术基础上，结合化学和湍流团聚技术，实现脱硫废水零排放的同时还增强电除尘脱除 PM2.5 的性能，以此达到协同脱除"以废治废"的目的。

7.5.1 脱硫废水与细颗粒物的脱除机理

脱硫废水与细颗粒物的协同脱除是以脱硫废气烟道蒸发技术为基础，其协同脱除微观机理是通过将化学团聚强化除尘技术同脱硫废水主烟道蒸发相耦合，分区梯级蒸发处理脱硫废水，细颗粒物凝并成核，团聚长大，实现细颗粒物和脱硫废水一体化协同治理[211]。此外，张秋双[212]提出脱硫废水荷电蒸发促进细颗粒物团聚增效静电除尘技术，可提高细颗粒物的脱除效率。

脱硫废水与细颗粒物脱除的宏观机理是将脱硫废水喷入空气预热器与电除尘器之

间的尾部烟道内，利用高温烟气对废水进行蒸发处理，废水蒸发为水蒸气，而废水中的细小颗粒随飞灰被电除尘器捕捉，从而实现协同脱除[213]。具体工艺流程如图7-7所示。

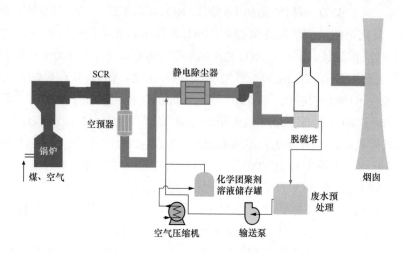

图7-7 化学团聚强化除尘协同脱硫废水零排放工艺流程图[214]

7.5.2 脱硫废水与细颗粒物的脱除效果

在烟道蒸发技术的基础上，耦合湍流团聚、化学团聚两种技术，脱硫废水以及细颗粒物的协同脱除效果显著，且脱硫废水蒸发可促进颗粒物团聚长大，从而提高脱除效率。基于燃煤热态试验平台，研究发现典型工况下，电除尘脱除效率可提高40%~50%[215]。杨刚中[216]通过烟气余热分区梯级蒸发处理技术，提高除尘器除尘效率，同时实现脱硫废水零排放和细颗粒物的脱除。此外，杨刚中等[217]针对300MW燃煤机组，进行了化学团聚强化除尘协同脱硫废水零排放工业示范应用试验，结果表明，该系统长期连续运行，对电厂正常生产没有任何影响。可见此协同脱除技术可运用于实际应用中，具有可行性。为了进一步提高脱除效率，可根据实际情况，选择合适的喷嘴布置形式，合理设计废水烟道蒸发系统[218]。

7.5.3 协同脱除的展望

燃煤过程产生的细颗粒物及含硫污染物的治理与脱除是一个非常复杂的过程，涉及的脱除技术与手段多样，影响因素也较多。尽管我国在细颗粒物及含硫污染物脱除方面进行了相关实验及理论研究，同时也取得了一些有价值的研究成果，但尚有许多工作有待进一步的深入研究，例如孙宗康[219]对于湍流流场中细颗粒物及化学团聚剂液滴的运动特性进行了数值模拟计算，并结合实验测试结果给出了一些具有参考性的结论。但是，由于目前尚无成熟的细颗粒物碰撞与团聚模型，并且对于燃煤细颗粒物与有一定黏性的化学团聚剂液滴之间的碰撞和团聚缺乏成熟的计算方法，从而限制了该方面研究的深入。张秋双[220]研究了协同脱硫废水烟道蒸发的水雾荷电促进颗粒团聚的特性，试验过程中采用相应CaCh溶液模拟脱硫废水中主要的氯化物成分，没有考虑脱硫废水中其他离子对试验结果的影响，如果能进一步考虑废水中其他成分的存在可能会对试验结果造成的影响，则试验更加完备，更具有实际指导意义。并且经研究发现废水消纳潜力巨大，具有较好的应用前景[221]。

总之，脱硫废水与细颗粒物协同脱除技术是目前烟气污染物处理领域的热门研究方向，已有许多学者通过实验证明其有效性与经济性，虽然脱硫废水与细颗粒物协同脱除技术在应用中依旧存在一定问题，但是研究和应用多污染物协同脱除技术以简化工艺系统具有较好的发展前景，日后值得受到更多的关注和研究。

7.6 催化剂的调控

7.6.1 催化剂的改进方法

（1）方法一：吸附改性。吸附改性主要通过增强催化剂对某些特定物质的吸附能力来提高或改变其作用。王广建等[222]发现，目前吸附脱硫常用的吸附剂载体主要有活性炭、分子筛、活性氧化铝和膨润土等，从吸附脱硫的研究机理出发，通过氧化、负载、干燥和焙烧等方法对活性炭进行改性，探讨活性炭的最佳制备条件。

（2）方法二：结构改性。结构改性主要通过改变催化剂的外部或内部结构提高或改变其作用。金梧凤[223]用浸渍法制备出以柱状活性炭为基材负载高锰酸钾（$KMnO_4$）的复合型甲醛吸附材料,利用比表面积及孔隙度分析测试仪和场发射扫描电子显微镜观察活性炭改性前后的物理结构变化,搭建单通道滤料性能测试实验台研究高锰酸钾负载率、气体相对湿度、重复负载次数对改性活性炭吸附甲醛的性能影响。

（3）方法三：贵金属沉淀。首先，贵金属沉积在光催化材料表面之后，可以改变催化剂的表面性质和体系的电子分布，从而改善光催化性能，其次，贵金属还可以作为助催化剂，降低光催化反应过电位，如 Pt 提高 TiO_2 水分解效率。除此之外，由于贵金属的局域表面等离子体共振（LSPR）效应，增进了催化剂体系对可见光的吸收能力。例如，在制备过程中以 $Fe(NO_3)_3 \cdot 9H_2O$ 作为 Fe 源，以 $TiCl_4$ 或 $Ti(SO_4)_2$ 作为 Ti 源，Fe 与 Ti 的摩尔比控制在 1:1。

7.6.2 催化剂的分类

催化剂种类繁多。

（1）按状态，可分为液体催化剂和固体催化剂。

（2）按反应体系的相态，分为均相催化剂和多相催化剂；均相催化剂有酸、碱、可溶性过渡金属化合物和过氧化物催化剂；多相催化剂有固体酸催化剂、有机碱催化剂、金属催化剂、金属氧化物催化剂、络合物催化剂、稀土催化剂、分子筛催化剂、生物催化剂、纳米催化剂等。

（3）按照反应类型，又分为聚合、缩聚、酯化、缩醛化、加氢、脱氢、氧化、还原、烷基化、异构化等催化剂。

（4）按照作用大小，还分为主催化剂和助催化剂。

7.6.3 催化剂的调控分类

目前，催化剂调控的发展方向主要集中在炼油与化工催化、汽车尾气和大气污染的净化催化、光催化、生物催化等方面，其中光催化因在能源和环境领域具有潜在的应用前景而成为研究的重点方向。常见的光催化剂改性方法有形貌（尺寸）调控、晶面调控、掺杂、贵金属沉淀、半导体复合和染料敏化。

对上述六种改性方法进行总结，可以将其分为三大类：第一类是合成方法的优选，具体包括形貌/尺寸调控、结晶度/晶面调控等；第二类是能带结构调控，具体包括掺杂和构筑固溶体等，可调控半导体的导带，价带或者对导价带同时进行调控；第三类是表面修饰，具体包括贵金属沉积、半导体复合和染料敏化。

7.6.4 催化调控有机物的分解聚合

量子化学辅助催化剂定向调控利用优化微观的调控手段在一定程度上进一步促进有机物的分解聚合。多数有机物在高温高压条件下会发生热分解。李焓[224]发现了新的热分解路径。质子化羟胺（结构见图 7-8）的主要分解产物 NH 可与质子化羟胺形成复合物，降低后续分解反应的有效能垒，从而促进催化反应进行。

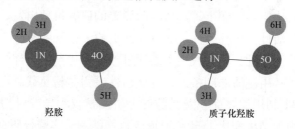

图 7-8　质子化羟胺和羟胺优化后的几何构型

对于有机物的聚合，Chen Bin[225]通过反应的反应物、过渡态和中间体的能量势垒。构建了能量分布图，阐明了典型有机氮产物的形成机理，对催化剂定向调控及反应机理的研究有重要意义。量子化学辅助催化剂定向调控通过优化组分结构，改变催化剂活性，降低反应所需能量，进一步促进有机物的分解聚合。

7.6.5 量子化学调控对能垒的影响

从能垒变化的角度来讲，量子化学辅助催化剂定向调控在一定程度上会改变反应的能垒，进一步达到调控有机物组成的目的，见表 7-2。姜延欢等[226]基于量子化学理论构建气相 ADN 分子的不同分子结构，通过对比分析确定了最稳定的 ADN 分子结构进行反应，降低了反应的能量势垒，进一步达到量子化学辅助定向调控有机物生成。

表 7-2　　　　　　　　　　　量子化学辅助定向调控对比

	操作对象	途径	最终效果
柴双奇	微观		总能量减小了 1600.33J/mol
姜延欢	微观	降低反应能垒	确定了最稳定分子结构
丁丽萍	微观、宏观		反应能垒降低了 11.64kJ/mol

在抑制有机物生成方面，靳邦鑫[227]提出了一种复合抗氧酶抑制剂，用于抑制煤自燃。证明活性位点的存在，揭示了超氧化物歧化酶抑制煤自燃的本质。量子化学辅助催

化剂定向调控相关组分结构和反应路径，优化各组分结构，降低反应的能垒，进一步达到调控有机物生成的目的。

7.6.6 量子化学调控对反应路径的选择

从反应路径的选择方面来讲，结构优化后，有机物的键断裂、异构化、反应先后顺序等导致反应路径不同，量子化学辅助调控在一定程度上确保了催化剂的活性，从而实现人为干预有机物组分。徐丹丹[228]在水热环境中有两条不同的反应路径，其中经四步转化的反应为最优路径（能量跨度为 83.12kcal/mol）。显式水分子的加入使化学反应能垒有明显降低，促进了水热碳化的进程。调控催化剂结构中的位点，Ben Chouikha Islem 等[229]计算了所有反应步骤的最小能量路径和零点振动能。对于优化后的结构，通过计算得到的能量进行了精修，在反应路径上找到了两个位置，讨论了乙醛生成的两种途径。

量子化学调控通过调控催化剂的微观结构组分，从而调控能量势垒，调控催化剂活性位点，进而达到调控有机物生成的目的。通过对量子化学调控方法的举例说明，为量子化学定向调控领域的进一步应用提供参考。

7.6.7 催化剂调控方法探索

微观调控主要从形貌控制、掺杂/缺陷引入、半导体结合、共轭结构表面修饰等方面对催化剂进行调控。例如，陈志强等[230]为了寻求具有高催化活性的纳米金属材料，在催化剂的形状、尺寸和组成调控和优化方面展开研究，结果表明通过特定的结构可以合成特定尺寸的催化剂，进而实现催化剂的尺寸可控；不同形貌的催化剂对催化性能有较大的影响，形貌调控对于改善催化剂性能具有重要意义。吴小强等[231]采用 I-t 电沉积法，在不同前驱液浓度下制备 $Fe_{0.5}Co_{0.5}$ 纳米合金，对合金的微观组织形貌和晶体结构进行了表征。结果表明，通过调控电沉积前驱液浓度可以有效地改善催化剂性能，达到增强其性能的目的。

宏观调控主要从活性组分、载体、助剂的种类等三方面对催化剂进行调控。例如，黄礼春等[232]通过添加助剂，详细阐述了助剂的添加可以增加合成钴基催化剂活性，达到提升催化剂性能的目的。陈志强等[233]通过调控乙炔选择加氢催化剂在活性组分、载体、助剂等种类，来提升催化剂表观活性，从而达到提升催化剂性能的目的。

7.6.8 宏观调控和微观调控的关联

微观调控和宏观调控二者相互联系、共同调控。例如，吕楚菲[234]探索改善 Ni 基催化剂低温活性和抗烧结能力的途径，围绕影响 CO_2 甲烷化催化剂活性的因素展开，以催化剂载体、活性组分和助剂等为研究方向，重点研究载体的孔道结构和形貌以及稀土助剂（Pr，Sm，Ce，La）对 Ni 基催化剂催化性能的影响。尉兵[235]优化 Cu 基电催化剂以及碳基电催化剂以提高他们的电化学还原 CO_2 效率和催化稳定性，以碳基催化剂为助剂，增加催化剂的比表面积，为催化剂提供更多的活性位点，如图 7-9 所示。

总之，微观与宏观定向调控催化剂技术的应用是未来定向调控污染物的一个方向和发展趋势。虽然目前在催化剂调控方面取得了一些进展，但是催化剂定向调控技术的应用仍存在许多机遇和挑战，任重而道远。

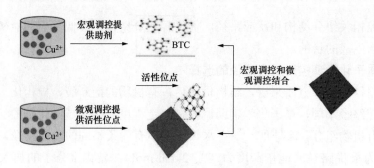

图 7-9　碳基催化剂微观与宏观联合调控的过程

8

多种污染物联合脱除的交互影响机制

8.1 概　　述

掌握燃煤污染物联合脱除过程中反应机理及交互影响机制，实现联合脱除的关键是揭示脱除各种污染物（组分）的物理化学过程之间的相互作用规律、兼容性与耦合性，使之形成相互促进的关系才能保证联合脱除效率。探明这些相互作用规律，就有望达到联合脱除的目的。本研究采用实验室机理性试验和现场试验相结合的方法，在实验室小型机理性实验台和中试试验台全面系统的研究多种污染物联合脱除反应机理及交互影响机制，研究烟气条件及组成、污染物控制工艺、污染物控制装置操作参数等对多种污染物脱除效率的影响规律。结合现场采样试验，深入分析不同运行工况条件下，各装置对各种污染物（颗粒物、NO_x、SO_x、汞）在气、液、固态产物中的分布及转化规律的影响。

8.2 SCR 催化剂对 NO 和 Hg 的联合脱除机理研究

本研究在实验室小型机理性实验台上，研究了商业 SCR 催化剂［V_2O_5（WO_3）/TiO_2］对 NO 和 Hg 的联合脱除性能，烟气条件及组成和催化剂特征对脱硝脱汞性能的影响及其反应机理。

8.2.1 SCR 催化剂脱硝脱汞反应的交互影响规律

从图 8-1 可以看出，随着 NH_3/NO 比的增加，NO 的转化率呈线性增加，当 NH_3/NO 比超过 1.0 后，NO 转化率的增加幅度明显降低。这表面，在催化剂表面以 SCR 主反应为主，但 NH_3 的氧化反应还是会一定程度的发生，特别是当 NH_3 过量后，氧化反应会得到加强，同时消耗更多的氧气，从而影响到 SCR 主反应的发生，进而影响到脱硝效率。而 NH_3/NO 比对 Hg^0 的转化影响则截然相反，当 NH_3/NO 比超过 1.0 后，Hg^0 的转化几乎全部消失，这说明 NH_3 对 Hg^0 的转化具有强烈的抑制作用。

本研究进一步研究了 NH_3 对脱汞性能的影响。如图 8-2 所示，向纯 N_2 载气中添加 100ppm NH_3 后，E_{oxi} 从 40% 降低到 1.5%。这可能是由于 NH_3 消耗了催化剂表面可以在纯 N_2 气氛下将汞氧化的氧；也可能是由于 NH_3 抑制了汞在催化剂表面的吸附[135][136]，而汞的吸附是其通过 Langmuir-Hinshelwood 机制被氧化的必要前提。当载气中含有 4%

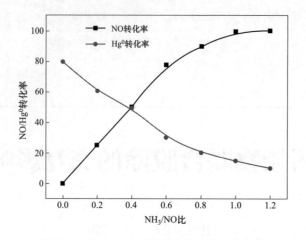

图 8-1　NH₃/NO 比对脱硝和脱汞效率的影响

（反应温度：380℃；HCl 浓度：0.45mmol/m³；○：NO 转化率；△：Hg⁰ 转化率）

O_2 时，E_{oxi} 为 75.0%，高于纯氮载气条件下的 E_{oxi} 40.0%。这是由于气相 O_2 再生了催化剂表面的晶格氧，同时补充了催化剂表面的化学吸附态氧，而晶格氧及化学吸附态氧均可以参与汞的氧化过程。在有氧条件下 NH_3 同样可以抑制汞的氧化，添加 100ppm NH_3 到含 4% O_2 的载气中，E_{oxi} 从 75.0% 降低到 43.0%。然而，43.0% 仍然远高于纯 N_2 载气添加 100ppm NH_3 时汞的氧化效率 1.5%。这说明，气相 O_2 的存在抵消了部分 NH_3 的抑制作用。因此，可以推断 NH_3 对汞氧化的抑制作用至少部分是由于 NH_3 消耗了催化剂表面的氧引起的。除了这个原因，我们还发现 NH_3 抑制了汞的吸附。如图 8-3 所示，催化剂首先在 200℃ 纯 N_2 条件下吸附少量单质汞，然后切断汞源，同时添加 100ppm NH_3 到载气中，催化剂后汞的浓度急剧升高。相反，如果不添加 NH_3，切断汞源后，催化剂后汞的浓度逐渐降低到 0。这表明催化剂表面 NH_3 与汞之间发生了竞争吸附，且催化剂对 NH_3 的亲和力大于其对汞的亲和力。值得注意的是，在切断汞源同时添加 NH_3 后一小段时间内（30～40min）催化剂后，汞的浓度没有明显升高。这可能是由于在初始阶段，催化剂表面的氧将 NH_3 氧化成其他物质，且这些新物质与汞之间不存在竞争吸附。此外，NH_3 还可能与 SO_2 等烟气组分发生反应，这些反应也有可能影响催化剂上汞的氧化，尽管在催化剂上 SO_2 与 NH_3 之间的反应受到了抑制。因此，在今后的研究中有必要考察 NH_3 与烟气组分之间的反应对汞氧化的影响[236]。

　　NH_3 通过抑制单质汞的吸附、消耗催化剂的表面氧抑制了催化剂表面汞的氧化。然而，切断 NH_3 后催化剂对汞的氧化能力可以迅速恢复，尤其是在有 O_2 存在的条件下。停 NH_3 后催化剂对汞的氧化性能如图 8-4 和图 8-5 所示。在 4% O_2 存在的条件下，含汞气流通过催化剂后汞浓度降低到进口浓度的 0.25 左右。添加 100ppm NH_3 后，反应器出口汞浓度约为进口浓度的 0.6，较无 NH_3 条件下有所降低。然而，当在 105min 切断 NH_3 后，反应器出口汞浓度迅速（小于 15min）降低到与无 NH_3 条件下相当的水平。由于催化剂的这个优点，在 SCR 反应器的尾部，当 SCR 反应器中的 NH_3 在 NO_x 的催化还原中被消耗后，可以获得较高的汞氧化效率。如图 2-6 所示，在无氧条件下，停 NH_3 后绝大部分的汞氧化能力仍然可以快速地恢复。与有 O_2 条件下相比，催化剂性能恢复需要更长的时间，在本实验时间范围内，没有实现催化剂性能的完全恢复。这再次说明了 NH_3 与催化剂表面氧之间的反应抑制了汞的氧化。同时，也说明与抑制单质汞的吸附相比，NH_3 消耗氧对催化剂性能降低的贡献较少。

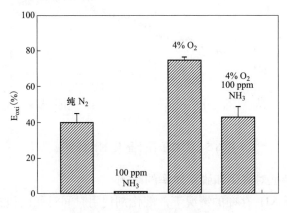

图 8-2　NH_3 对汞氧化的影响

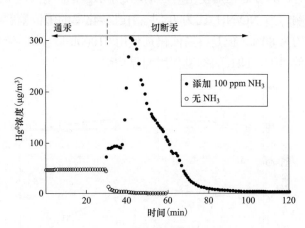

图 8-3　NH_3 促进单质汞脱附

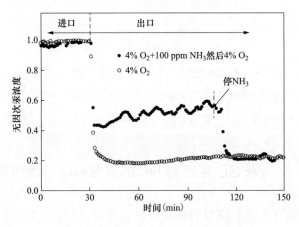

图 8-4　有氧条件下催化剂性能复原

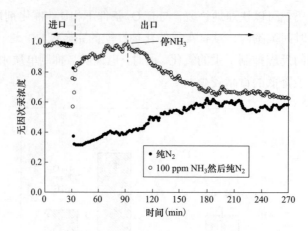

图 8-5 无氧条件下催化剂性能复原

8.2.2 催化剂特征对脱硝和脱汞效率的影响

图 8-6 为有、无 NH_3 存在的情况下，催化剂使用时间对脱硝和脱汞效率的影响。当 NO/NH_3 比为 0.75 时，随着催化剂使用时间的增加，Hg^0 的转化率有所降低，但是对 NO 的转化几乎没有影响。当 NO/NH_3 比为 0 时，Hg^0 转化率的降低幅度明显减小。新鲜催化剂的 Hg^0 转化率约为 80%，但是，当催化剂使用 71000h 后，Hg^0 转化率降为 73%。随着催化剂使用时间的增加，NH_3 的抑制作用明显增强。

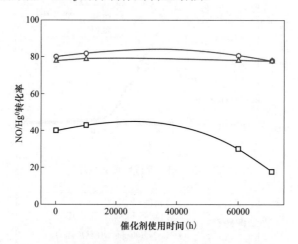

图 8-6 催化剂使用时间对 NO 和 Hg^0 转化率的影响

（反应温度：380℃；NO/NH_3 比为 0 和 0.75；○：NO/NH_3 比为 0.75 时 NO 转化率；

△：NO/NH_3 比为 0 时 Hg^0 转化率；□：NO/NH_3 比为 0.75 时 Hg^0 转化率）

8.3 WFGD 系统对 Hg 的联合脱除机理研究

WFGD 系统对烟气中的 Hg^{2+} 具有良好的脱除作用，但 Hg^{2+} 在脱硫系统内会被还原变为 Hg^0 再次释放，造成汞的二次污染。本研究通过对 pH 进行控制对 Hg^{2+} 与 SO_3^{2-} 在溶液中的相互作用进行实验研究，考察温度、pH 值、SO_3^{2-}浓度以及 O_2 浓度对 Hg^{2+} 的还原再释放的影响。

8.3.1　不同 pH 条件下温度对 Hg^{2+} 还原的影响

实验温度 50 ℃，在不同 pH 条件下考察 Hg^0 的释放情况，实验结果见图 8-7。实验结果表明 pH 的降低会促进 Hg^0 的释放[237]。分析当 pH 降低时在溶液中的 HSO_3^-/SO_3^{2-} 比例增大，溶液中的 S（IV）主要以 HSO_3^- 形式存在，系统中 HSO_3^- 浓度较高造成 Hg^{2+} 更容易发生还原反应式（8-1）和反应式（8-2）。另外，pH 值的降低会使得配合物 $HgSO_3$ 质子化从而形成 $HgSO_3H^+$，相对于 $HgSO_3$ 的稳定性更低，更加容易分解产生 Hg^0[8]。

$$Hg^{2+}_{(aq)} + HSO_3^-_{(aq)} \Longrightarrow HgSO_{3(aq)} + H^+_{(aq)} \tag{8-1}$$

$$HgSO_{3(aq)} \longrightarrow Hg^0_{(aq)} + S(VI) \tag{8-2}$$

$$HgSO_{3(aq)} + H^+ \longrightarrow HgSO_3H^+_{(aq)} \tag{8-3}$$

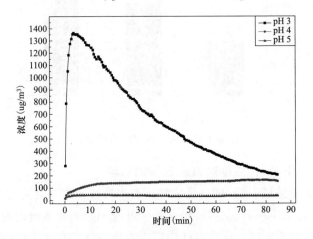

图 8-7　温度为 50℃时不同 pH 条件下 Hg^0 的释放

图 8-8 中 pH 为 3 时，改变实验温度分别为 45、50℃和 55℃。反应在进行一段时

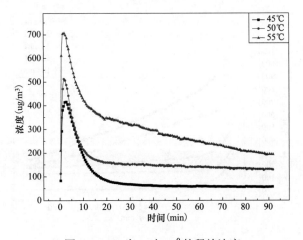

图 8-8　pH 为 3 时 Hg^0 的释放浓度

间后仍然有较高浓度的 Hg^0 释放，说明温度升高会增强反应物的化学活性从而促进 Hg^0 的释放。从图 8-9 结果表明，由反应过程 Hg^0 释放量的结果得出，温度平均升高 5℃，Hg^0 的释放量平均升高 78.5%。

温度对 Hg^{2+} 还原再释放的影响结果为随着温度的增大 Hg^{2+} 还原释放增强，原因是温度的升高会提高物质的化学反应活性。另外，pH 的降低会很大程度上地促进 Hg^0 的释放，可能为由于 pH 降低在 S（IV）中 HSO_3^- 的浓度变大，另外一方面，$HgSO_3$ 的质子化作用形成的 $HgSO_3H^+$ 在液相中更加不稳定容易分解，这使得 Hg^{2+} 更加容易发生还原反应[238]。

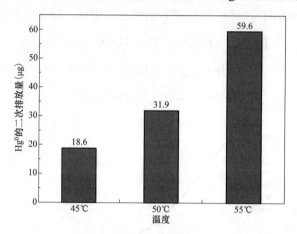

图 8-9　pH 为 3 时 Hg^0 的释放量

8.3.2　不同 pH 下 SO_3^{2-} 浓度对 Hg^{2+} 还原的影响

当 pH=3 时，实验结果表明，随着反应进行 Hg^0 持续释放并且随着 SO_3^{2-} 浓度的增大，Hg^0 的释放减弱（见图 8-10）。从实验进行整个过程 Hg^0 的释放量也说明，增大 SO_3^{2-} 浓度抑制 Hg^0 的释放（见图 8-11）。从图 8-11 中可以看出，SO_3^{2-} 浓度从 1.0mM 增大到 10.0mM 时，Hg^0 的释放量减少了 91.54%。这很可能是随着 SO_3^{2-} 浓度的增大，系统中 Hg^{2+} 和 SO_3^{2-} 通过式（3-4）反应生成了 $Hg（SO_3）_2^{2-}$ 并且稳定存在不易分解[9]，SO_3^{2-} 浓度平均增加

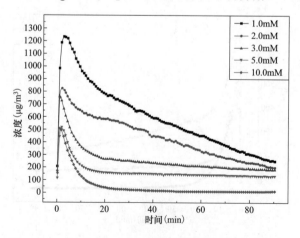

图 8-10　pH 为 3 时不同 SO_3^{2-} 浓度对应 Hg^0 的释放浓度

1.0mM，Hg^0 的释放量降低约 25%。另外，在溶液中 SO_3^{2-} 浓度较低时，$HgSO_3$ 更加容易分解造成 Hg^0 的释放[238]。

$$Hg^{2+}_{(aq)} + 2SO_3^{2-}_{(aq)} \longleftrightarrow Hg(SO_3)_2^{2-}_{(aq)} \tag{8-4}$$

$$HgSO_{3(aq)} \longrightarrow Hg^0 + SO_3^{2-}_{(aq)} \tag{8-5}$$

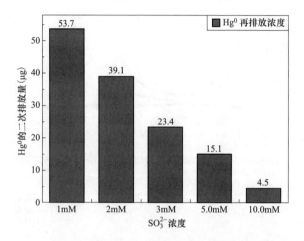

图 8-11 pH 为 3 时不同 SO_3^{2-} 浓度对应 Hg^0 的释放量

8.3.3 不同 pH 下 O_2 浓度对 Hg^{2+} 还原的影响

在 pH 为 5 的条件下向系统中通入 O_2，结果见图 8-12[238]。实验结果表明，当 O_2 通入后，Hg^0 释放开始缓慢增强，浓度达到 $130\mu g/m^3$ 开始释放减弱，最终和纯 N_2 气氛一致稳定基本不释放。随 O_2 浓度的增大，上升转折点出现提前，分析由于 HSO_3^- 在系统中存在平衡反应式（8-6），同时 HSO_3^- 会被 O_2 氧化为 SO_4^{2-}，见反应式（8-7）。随着反应的进行，HSO_3^- 的量逐渐减少，加入 Hg^{2+} 后消耗系统中大量游离的 HSO_3^-，在 pH 为 4 和 5 时，系统中少量的 SO_3^{2-} 会转化为 HSO_3^- 作为补充，使得在 SO_4^{2-} 浓度增大，很有可能生成 $HgSO_3SO_4^{2-}$[10]，从而抑制了 Hg^{2+} 继续被还原 [见式（8-8）]，随着 O_2 浓度的增大 [见式（8-9）]，HSO_3^- 被氧化的速率增大，这使得 SO_4^{2-} 在系统中含量增加的速率增大，导致转折点提前出现。

$$HSO_3^- \longleftrightarrow SO_3^{2-} + H^+ \tag{8-6}$$

$$HSO_{3(aq)}^- + H_2O_{(l)} + 1/2 O_{2(aq)} \longrightarrow SO_4^{2-}_{(aq)} + H^+_{(aq)} + H_2O_{(l)} \tag{8-7}$$

$$Hg^{2+} + SO_3^{2-} + SO_4^{2-} \longleftrightarrow S（IV)-S（VI)-Hg（II) \, complex(HgSO_3SO_4^{2-}) \tag{8-8}$$

$$HSO_3^{2-} + O_2 \longleftrightarrow SO_4^{2-} \tag{8-9}$$

固定 SO_3^{2-} 浓度为 5mM，分别在无氧（见图 8-13）和有氧（见图 8-14）的条件下对比 Hg^0 的释放情况。实验结果表明 pH 增大有助于抑制 Hg^0 的释放。pH 越低，系统中 H^+ 浓度越高，反应式（8-5）中平衡向左移动使得系统中的 HSO_3^- 浓度增加，保证反应式（8-6）持续进行，对比 pH 较高的情况，系统中的 SO_4^{2-} 浓度更大，Hg^0 的释放急剧下降提前。

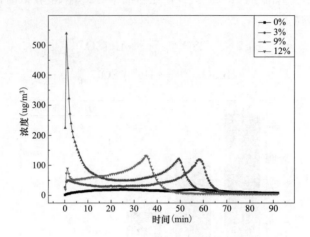

图 8-12　pH 为 5 时不同氧气气氛对应的释放浓度

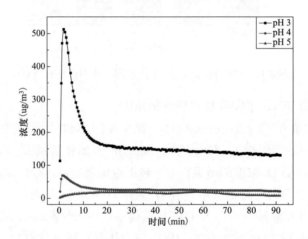

图 8-13　SO_3^{2-} 浓度为 5mM 时纯 N_2 条件下 Hg^0 的释放浓度

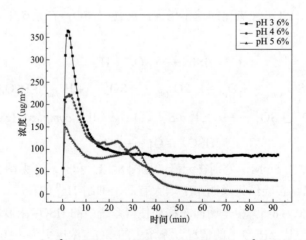

图 8-14　SO_3^{2-} 浓度为 5mM 时在 6% 氧气气氛下 Hg^0 的释放浓度

8.4　SCR 脱硝系统对多种污染物的联合脱除性能

电厂四台机组 NO_x 超低排放路线略有差异：

（1）1 号机组采用 MPM 高效低氮燃烧技术+加装 SCR 脱硝装置；

（2）2 号机组采用双尺度浓淡分离低氮燃烧技术+加装 SCR 脱硝装置；

（3）3 号、4 号机组采用双尺度上下浓淡燃烧器技术+SCR 脱硝装置。

本节针对 SCR 脱硝系统对 NO_x、SO_x 及汞的联合脱除进行了系统的分析，具体内容如下。

8.4.1　SCR 脱硝系统对 NO_x 的脱除性能

利用选择性催化还原（SCR）技术将烟气中 NO_x 的脱除方法是当前世界上脱氮工艺的主流。SCR 脱硝使用氨气（NH_3）作为还原剂，将体积浓度为 5%的氨气通过氨注入装置（AIG）喷入温度为 280℃～420℃的烟气中，在催化剂作用下，氨气将烟气中的 NO 和 NO_2 还原成无害的氮气（N_2）和水（H_2O）[239]。SCR 脱硝主要化学反应式有

$$4NO+4NH_3+O_2 \longrightarrow 4N_2+6H_2O \tag{8-10}$$

$$2NO_2+4NH_3+O_2 \longrightarrow 3N_2+6H_2O \tag{8-11}$$

$$6NO_2+8NH_3 \longrightarrow 7N_2+12H_2O \tag{8-12}$$

三河电厂 1、2 号机组投产较早，机组并未安装 SCR 脱硝装置导致 NO_x 排放浓度较高。因此，超净排放改造期间，电厂 1 号、2 号机组均加装了 SCR 脱硝装置。电厂四台机组烟气在锅炉省煤器出口被平均分为两路，每路烟气经过垂直上升的烟道后水平进入垂直布置的 SCR 反应器，经过均流层后进入催化剂层，脱除 NO_x[239]。四台机组测试期间（满负荷运行）SCR 前后 NO_x 平均浓度如图 8-15 所示。由图 8-15 可发现，四台机组 SCR 入口 NO_x 浓度在 133.08～173.33mg/m³ 范围内，出口 NO_x 浓度在 20.99～40.70mg/m³ 范围内。1～4 号机组 SCR 脱硝效率分别为 85.46%、78.64%、80.16%及 73.35%。

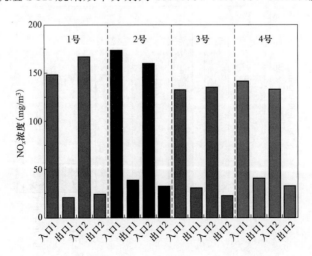

图 8-15　机组 SCR 前后 NO 平均浓度（满负荷运行）

图 8-16 中 NO_x 排放浓度均已折算为标准状态，基准氧含量 6%条件下浓度；改造前数据来源于电厂燃烧器改造单位实测，改造后数据来源于现场测试及电厂 CEMS 数据。为便于比较，本章中所有污染物排放浓度均已折算为标准状态，基准氧含量 6%条件下浓度，以下不再赘述。

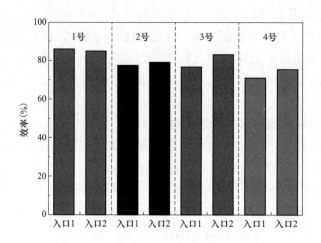

图 8-16　机组 SCR 脱硝效率（满负荷运行）

8.4.2　SCR 脱硝系统对 SO_2 的脱除性能

除脱硝反应外，研究表明 SCR 催化剂在催化还原 NO_x 的过程中，也会对 SO_2 的氧化起到一定的催化作用。本节采用 EPA method 8 对 4 号机组满负荷条件下尾部烟道各污染物控制装置进、出口 SO_3 浓度进行了测试，具体测试结果如图 8-17 所示。如图 8-18 所示，烟气流经 SCR 后，SO_3 浓度由 46.9mg/m³ 升高至 62.3mg/m³，脱除效率为−32.84%。这是由于 SCR 催化剂中 V_2O_5 等组分氧化了烟气中部分 SO_2 所致。研究表明 SO_2 的氧化率随 SCR 催化剂中 V_2O_5 含量的增加而增加。

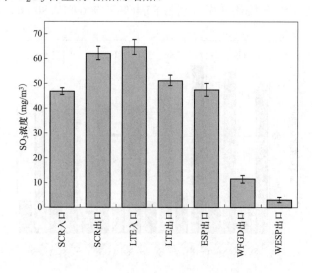

图 8-17　各污染物控制装置进出口 SO_3 浓度

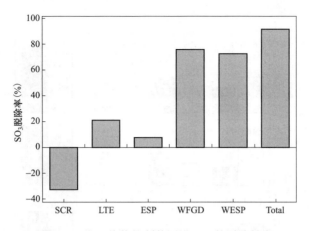

图 8-18   各污染物控制装置对 SO₃ 的脱除效率

8.4.3   SCR 脱硝系统对汞的脱除性能

经过测试，如图 8-19（a）所示，SCR 系统进口处锅炉 1 号、2 号和 4 号的总汞浓度分别为 $4.16\mu g/m^3$、$5.17\mu g/m^3$、$4.23\mu g/m^3$。而 SCR 出口处其浓度分别为 $4.67\mu g/m^3$、$4.89\mu g/m^3$、$3.97\mu g/m^3$。总的来说，SCR 进、出口处总汞的浓度达到了平衡，这暗示了在总汞的脱除中，SCR 在脱除燃煤烟气中总汞的作用几乎是可以忽略的。然而，经过 SCR 后，汞形态的分布发生了明显的变化，即 Hg^{2+} 所占的比例明显的增加而 Hg^0 所占的比例明显得降低了，这一现象对进一步系统的总汞脱除具有很重要的研究价值。结合图 8-19（a）和（b）可以看出，SCR 前，Hg^0 的浓度为 $3.21\sim4.03\mu g/m^3$，占总汞的 71.97%～77.95%；SCR 后，Hg^0 的浓度降低为 1.88%～$2.07\mu g/m^3$，占总汞的 31.69%～46.45%。相应地，通过 SCR 后，Hg^{2+} 的浓度和其所占的比例都随之增加了。这些暗示了 SCR 催化剂（$V_2O_5\text{-}TiO_2$）可以促进 Hg^0 的氧化。另外，国外一些学者关于 SCR 脱硝设施对烟气

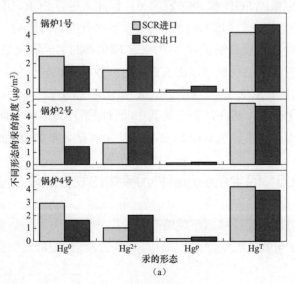

图 8-19   SCR 进出口处（一）

（a）汞的浓度

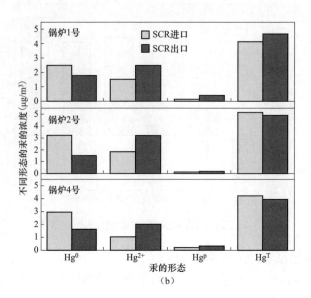

图 8-19　SCR 进出口处（二）

（b）汞形态的百分比

汞形态和排放影响的研究结果也与此类似。烟气中的 HCl 是 V_2O_5-TiO_2 上的 Hg^0 氧化的必要因素，Lee 等研究表明 HCl 对控制 NO_x 排放的 SCR 系统对汞的形态转化方面有重大影响，他指出，模拟烟气中添加 8ppm 的 HCl 几乎可以将 SCR 前的 Hg^0 全部转化为 Hg^{2+}。这是因为 Hg^0 的氧化是通过 Deacon 过程发生的，即首先烟气中的 HCl 产生 Cl_2，进而将 Hg^0 氧化成 Hg^{2+}。也有研究表明烟气中的 HCl 首先被吸附在 V_2O_5-TiO_2 催化剂上，然后结合成 V-Cl 复合物，进而成为能够氧化 Hg^0 的活性位。由于 Hg^{2+} 易溶于水且能被飞灰捕获，即 Hg^{2+} 可以被 WFGD 和 ESP 脱除掉。因此，尽管 SCR 不能直接脱除 Hg^0，但是 SCR 氧化 Hg^0 的效率对于 APCDs 的协同脱汞效率有很大的影响。

锅炉 1 号、锅炉 2 号以及锅炉 4 号中 SCR 催化剂的 Hg^0 氧化效率分别为 41.43%、51.61%、47.68%，相比于已经报道过的文献，这些效率是比较低的。SCR 的 Hg^0 氧化效率的变化与 HCl 浓度、SCR 空塔速率、SCR 催化剂上的停留时间，以及 SCR 系统中 NH_3/NO 比值的变化有关。然而，关于是其中一种因素还是多种不同因素的协同影响的问题还有待考究，还不能很好地解释 SCR 的单质汞氧化效率的变化的原因。

8.5　除尘系统对多种污染物的联合脱除性能

电厂四台机组颗粒物超低排放路线略有差异：

（1）1 号机组采用低低温电除尘技术+高频电源改造+脱硫高效除雾器+柔性极板湿式除尘器；

（2）2 号机组采用低低温电除尘技术+高频电源改造+脱硫高效除雾器+刚性极板湿式除尘器；

（3）3 号机组采用低低温电除尘技术+高频电源改造+脱硫除尘一体化装置；

（4）4 号机组采用低低温电除尘技术+高频电源改造+脱硫除尘一体化装置+刚性极板喷淋式除尘器。

本节主要针对低低温电除尘技术及湿式电除尘技术对颗粒物、SO_x 及汞等污染物的联合脱除进行了系统的分析，具体内容如下。

8.5.1　低低温电除尘技术对颗粒物、SO_x 的联合脱除及机理分析

电厂四台超净排放机组均采用了低低温电除尘技术。低低温电除尘技术通过在电除尘器上游加装低温省煤器，使除尘器入口处烟气温度降至 90～110℃低低温状态。电除尘器的除尘性能主要受粉尘比电阻的影响，粉尘比电阻越小，除尘效率越高。统计显示，当排烟温度在 150℃左右时，粉尘的比电阻最高；当排烟温度低于 100℃时，粉尘比电阻有明显的下降趋势[240]。烟气温度降低，粉尘比电阻相应降低至 10^8～$10^{11}\Omega\cdot cm$ 范围；气体的黏滞性变小，颗粒物在烟气中的驱进速度增加；除尘器入口烟气流量减少，因此 ESP 除尘效率得到提高。同时，研究发现烟气温度的降低有利于烟气中 SO_x、HCl、蒸汽等在飞灰表面的凝结吸附。飞灰表面含 S、Cl 成分液膜的形成，增加了飞灰黏性，促进了细微飞灰的团聚，同时降低了飞灰比电阻，进一步促进了颗粒物的脱除。而含 S、Cl 成分液膜飞灰的脱除则促进了低低温电除尘器对 SO_3 的脱除作用。

四台机组满负荷工况下低温省煤器投运前后 ESP 进出口颗粒物浓度如表 8-1 所示。由表 8-1 可发现低温省煤器投运后，ESP 出口颗粒物浓度均有所下降，四台机组颗粒物脱除效率分别增加了 0.04%、0.06%、0.07%及 0.03%。

表 8-1　　　　　满负荷工况下低温省煤器投运前后 ESP 进出口颗粒物浓度

序号	低温省煤器未投运			低温省煤器投运		
	颗粒物进口浓度（mg/m³）	颗粒物出口浓度（mg/m³）	效率（%）	颗粒物进口浓度（mg/m³）	颗粒物出口浓度（mg/m³）	效率（%）
1 号	13 586	17.92	99.87	12 649	11.68	99.91
2 号	15 095	22.11	99.85	14 798	14.02	99.91
3 号	12 460	23.2	99.80	13 007	16.5	99.87
4 号	15 260	21.1	99.86	15 900	16.5	99.89

在低低温电除尘技术中，低温省煤器的安装使得烟气温度降低到了酸露点以下，烟气中部分 SO_3 凝结成 H_2SO_4 而吸附在粉尘颗粒表面，如图 8-20 所示。4 号机组测试结果表明流经低温省煤器后烟气中 20.83%的 SO_3 被除去，SO_3 浓度由 64.8mg/m³ 降低至 51.3mg/m³。低低温电除尘系统 SO_3 脱除效率为 26.70%。

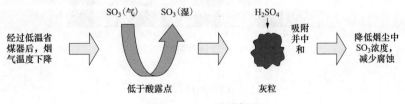

图 8-20　SO_3 吸附机理

8.5.2 低低温电除尘技术对汞的联合脱除及机理分析

低低温电除尘技术中安装 LTE 后，烟气温度进一步降低，可能会影响到汞的形态分布以及系统对汞的脱除，因此对三河电厂 LTE 前后、ESP 前后汞的浓度和汞的形态分布进行了测试研究。

如图 8-21 所示，气态汞在 LTE 进口处的浓度低于 SCR 进口，并且烟气中有更多的 Hg^P 被脱除。烟气经过安装在 SCR 和 LTE 之间的空气预热器之后温度降低了，结合烟气组分（如 HCl、NO、SO_2、O_2）和未燃碳的影响，这有利于 Hg^0 向 Hg^{2+} 和 Hg^P 的转化。结合图 8-21（a）和（b）可以看出，烟气经过 LTE 后，其 Hg^0 和 Hg^{2+} 的浓度和所占的比例均降低了，而 Hg^P 的浓度和所占的比例却相应得增加了。与此同时，烟气的温度分别从 130℃（锅炉 2 号）和 127℃（锅炉 4 号）下降到 108℃（锅炉 2 号）和 95℃（锅炉 4 号）。随着烟气温度下降到 100℃ 左右，烟气中的一些成分（如水蒸气、SO_3、HCl 等）会冷凝到飞灰表面形成液态膜。冷凝到飞灰上的 HCl 进而形成含氯的活性吸附位点，从而促进 $HgCl_2$ 或 Hg_2Cl_2 在飞灰上的形成进而使 Hg^0 和 Hg^{2+} 的浓度降低。SO_3 也会先由气态转化成液态，最终在水蒸气的作用下生成 H_2SO_4 并由飞灰吸附。然而，SO_3/H_2SO_4 对飞灰吸附 Hg 的影响是复杂的。一些实验结果证明 SO_3 会阻碍汞的氧化；而也有一些实验表明经过 H_2SO_4 预处理的活性炭有利于提高其 Hg^0 吸附能力。因此，SO_3/H_2SO_4 对飞灰吸附 Hg 的影响还有待进行深入的研究。

本书探究了 LTE 对于汞形态转的影响作用，以及从锅炉 4 号中 LTE 前后烟道收集的飞灰中汞的赋存形态。如图 8-22（a）所示，对从 LTE 前采集的飞灰样品而言，汞的主要形态为 $HgCl_2$（峰值约在 150℃处）和三方晶系的红色 HgS（峰值约在 300℃处）。$HgCl_2$ 的形成要归因于含氯活性吸附位点对 Hg 的吸附，而 HgS 的形成则是由于 Hg 和残留在飞灰未燃碳中的硫的反应。图 8-22（b）表明，除了 $HgCl_2$ 和 HgS 等两种汞的化合物外，在 LTE 后收集的飞灰中发现了 $HgSO_4$ 的存在。此外，图 8-23 表明当烟气经过 LTE 后，其 SO_3 的浓度分别从 64.8mg/m³（锅炉 2 号）和 77.9mg/m³（锅炉 4 号）降低到 51.3mg/m³

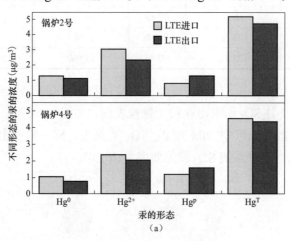

图 8-21　LTE 进出口处（一）

（a）汞的浓度

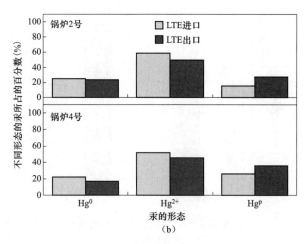

图 8-21 LTE 进出口处（二）

（b）汞形态的百分比

（锅炉 2 号）和 48.5mg/m³（锅炉 4 号）。这些都证明 SO₃ 在飞灰上发生了冷凝并附着在上面。因此，吸附汞的酸性活性位点随着 SO₃/H₂SO₄ 在飞灰上的冷凝而生成，进而导致 HgSO₄ 的生成和颗粒态汞浓度的增加。不难发现，LTE 对燃煤烟气中汞的形态转化以及汞的脱除也有一定的作用。

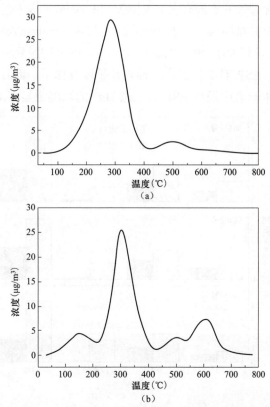

图 8-22 有 LTE 时，无 LTE 时飞灰中汞形态的脱附

（a）有 LTE 时飞灰中汞形态的脱附；（b）无 LTE 时飞灰中汞形态的脱附

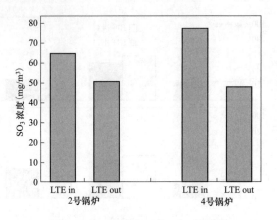

图 8-23　LTE 进出口处 SO$_3$ 的浓度

　　一般来说，ESP 可以脱除 99%以上的颗粒物。而颗粒态的汞会附着在飞灰上，因此易于被除尘装置收集，且其在大气中停留的时间比较短。然而 ESP 的脱汞性能又与很多因素有关。美国 EPA 对 14 台装有冷态 ESP 的煤粉锅炉汞排放进行了测试，结果显示，煤中汞的含量、煤中的氯含量、低位发热量等因素将在很大程度上影响烟气中汞的形态分布和除尘装置对汞的脱除能力。王运军等通过对 3 个电站的研究发现，ESP 灰脱除烟气中汞的效率分别约为 6%、20%和 4%，这可能与不同燃煤电站除尘设备除去的飞灰含碳量、碱金属氧化物含量等的不同有关。美国 V.M.Fthenakis 等人对燃煤电厂汞排放的研究表明，电除尘器仅能去除烟气中小于 20%的汞。日本 TakahisaYokoyama 等人在日本的 700MW 燃煤电厂试验研究表明，电除尘器对烟气中汞的平均脱除率也仅有 26%左右[241]。

　　之前的研究表明，ESP 对于气态汞的转化几乎没有作用，而且也不能有效地控制气态汞的排放。然而，本研究中经过 ESP 后气态 Hg^{2+} 的浓度明显下降了。如图 8-24（a）

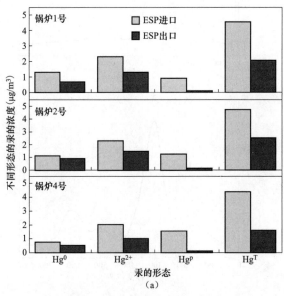

（a）

图 8-24　ESP 进出口处汞的浓度，汞形态的百分比（一）

（a）ESP 进出口处汞的浓度

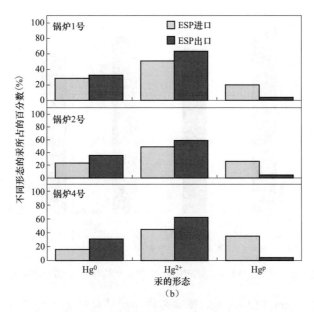

图 8-24　ESP 进出口处汞的浓度，汞形态的百分比（二）

（b）ESP 进出口处汞形态的百分比

所示，Hg^0 的浓度由 $0.8\sim1.4\mu g/m^3$ 降低到 $0.4\sim0.9\mu g/m^3$，而 Hg^{2+} 的浓度则由 $2.1\sim2.4\mu g/m^3$ 降低到 $1.0\sim1.1\mu g/m^3$。锅炉 1 号、锅炉 2 号和锅炉 4 号中总汞的浓度也都明显下降了 50% 左右。这可能是因为吸附了汞的飞灰在经过 ESP 时被捕获了下来。为了验证这个假设，分别采集了锅炉 4 号中 LTE 运行状态和关闭状态时其料斗中的飞灰。当 LTE 处于运行状态时，采集的样品中汞的浓度为 143.1ng/g；而当 LTE 关闭状态时，采集的样品中汞的浓度为 81.22ng/g。这暗示了减少的气态汞可能是被飞灰吸附了。因为经过 LTE 装置后，烟气的温度降低了，进而使其中飞灰的温度也降低了，从而有利于飞灰对 Hg^{2+} 的捕获。因此，LTE 在气态汞向颗粒态汞的转化过程中起到了非常重要的作用，同时，这些转化的颗粒态汞随后会被 ESP 脱除掉。

8.6　脱硫系统对多种污染物的联合脱除性能

8.6.1　WFGD 对 SO_x 的脱除性能

石灰石—石膏湿法脱硫技术是我国燃煤机组应用最广的烟气脱硫技术，其采用石灰石作为脱硫吸收剂，石灰石经破碎磨细成粉状，而后与水混合搅拌成为浆液或直接与水混磨成浆液[242]。在吸收塔内，吸收浆液与烟气接触混合，烟气中 SO_2 与浆液中 $CaCO_3$ 及鼓入的氧化空气发生反应最终生成石膏而被脱除。

机组测试期间 WFGD 前 WESP 后 SO_2 平均浓度如图 8-25 所示（3 号机组未安装 WESP，图 8-25 中为 WFGD 出口）。由图 8-25 可发现，WFGD、WESP 能有效脱除 SO_2，测试期间四台机组 WESP 出口 SO_2 平均浓度均不超过 $22mg/m^3$。1～4 号机组 WFGD+WESP 联合脱硫效率分别为 98.11%、98.18%、98.69% 及 97.39%。

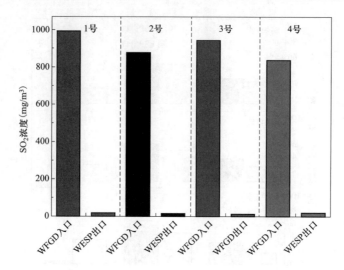

图 8-25　机组 WFGD 前 WESP 后 SO_2 平均浓度（满负荷运行）

WFGD 系统中，SO_3 可与石灰石浆液反应生成硫酸钙而被脱除。已有学者测试了三台普通燃煤机组污染物控制装置的 SO_3 脱除效果，结果发现 WFGD 对 SO_3 的脱除效果不超过 35%。满负荷工况下，4 号超净排放机组 SO_3 浓度由入口的 47.5mg/m³ 显著降低至 11.5mg/m³，脱除效率为 75.79%。推测原因为 4 号机组 WFGD 系统改造采用了单塔脱硫除尘一体化技术。该技术在脱硫塔内增设了旋汇耦合装置及管束式除尘器并对喷淋层进行了优化改造，改造后脱硫塔内气液固三相充分接触，均气效果优异，气液膜传质阻力降低，传质速率升高，降温速率增快，这些均有利于 SO_3 的深度脱除。

8.6.2　WFGD 对颗粒物的联合脱除性能

湿法脱硫由于采用浆液洗涤的气液接触方式，因此，不但具有良好而稳定的脱硫效果，而且具有一定的除尘效果，可以将从电除尘器逸出的超微细颗粒二次捕集，从而提高烟尘达标排放的可能性。从喷淋塔的结构来看，其除尘机理与湿法除尘设备中重力喷雾洗涤器相似。水与含尘气流的接触大致有水滴、水膜和气泡 3 种方式。在喷淋塔内，气流中的粉尘主要靠液滴来捕集，捕集机理主要有惯性碰撞、截留、布朗扩散、静电沉降、凝聚和重力沉降等。烟气中尘粒细微而又无外界电场的作用，故可忽略凝聚、重力和静电沉降，仅分析惯性碰撞、截留和布朗扩散 3 种机理的作用。当含有较大尘粒的气流在运动的过程中遇到液滴时，其自身的惯性作用使得它们不能沿流线绕过液滴，仍保持其原来的方向运行而碰撞到液滴，从而被液滴捕集。对惯性捕集起决定作用的是尘粒的质量。当尘粒沿气体流线随着气流直接向液滴运动时，由于气流流线离液滴表面的距离在尘粒半径范围以内，则该尘粒与液滴接触并被捕集。对截留捕尘起作用的是尘粒大小，而不是尘粒的惯性，并且与气流速度无关。当微细尘粒气流的夹带作用围绕液滴运动时，由于布朗扩散作用，尘粒的运动轨迹与气流流线不一致而沉积在液滴上。尘粒越小，布朗扩散越强烈，在分析 $d < 2\mu m$ 的尘粒沉积时，通常要考虑这种机理。

此外，3 号、4 号机组 SO_2 超低排放改造中采用了单塔脱硫除尘一体化技术，在脱硫塔内部增设了旋汇耦合器并将原有平板式除雾器更换为管束式除尘器。旋回耦合器可提高气流漩流速度，有利于颗粒物的进一步脱除。管束式除尘器利用凝聚、捕悉和湮灭的原理，在烟气高速湍流、剧烈混合、旋转运动的过程中，将烟气中携带的雾滴和粉尘颗粒脱除。凝聚是指烟气中夹杂的细小的液体颗粒相互之间碰撞而凝聚成较大的颗粒后沉降下来；捕悉是指细小的液体颗粒跟随气体与湍流器中的持液层充分接触后，被液体捕悉实现分离；湮灭是指细小的液体颗粒与被抛洒至湍流器的表面时，形成附着液膜从而在烟气中脱离出来；这三种运动过程同时将夹杂在液滴其中的尘除去。首先，流经除尘器的气流高速湍动，促进烟气中大量细小雾滴与尘颗粒的互相碰撞，凝聚为较大颗粒；其次，导流叶片形成的高速气流，形成极高的切向速度，将液滴、细尘高速甩脱向壁面，与壁面的液膜接触后被截留，实现捕悉分离；最后，高速旋转的壁面液膜可保证同向运动的雾滴接触后湮灭，不产生二次雾滴。因此，3号、4号机组 WFGD 对颗粒物排放有一定的控制作用。3号、4号机组 WFGD 入口、出口颗粒物浓度如图 8-26 所示。满负荷工况下，烟气流经 WFGD 后颗粒物浓度分别由 16.5、11.6mg/m³ 降低至 1.76 及 2.5mg/m³，除尘效率分别达到了 89.33% 及 78.45%，很好地实现了脱硫除尘一体化的改造目标。

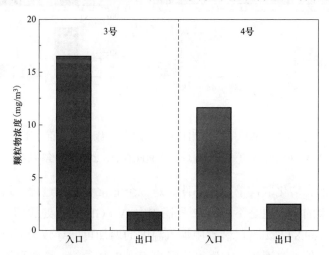

图 8-26　3号、4号机组 WFGD 入口、出口颗粒物浓度

8.6.3　WFGD 对汞的联合脱除性能

电厂中安装的湿法烟气脱硫（WFGD）系统主要用于对 SO_2 排放的控制，并通过石灰和石灰石浆液与 SO_2 的反应达到固硫效果。WFGD 系统以其脱硫效率高、脱硫产物可回收利用、适应性广、结构简单及运行稳定等特点，在国内外大型火电厂得到广泛应用[243]。由于烟气温度的降低，一些可溶性的痕量元素会被洗涤液脱除。

本研究实验结果如图 8-27 所示，经过 WFGD 后，Hg^{2+} 的浓度明显地下降了，意味着大部分 Hg^{2+}（88.20%～92.80%）被 WFGD 脱除；而锅炉 4 号 WFGD 出口相对于进口处虽然总汞的浓度降低了约 50%，但表现出 Hg^0 的浓度和所占的比例都有所增加，这与杨宏旻等的研究结果相吻合。这是因为 Hg^{2+} 易溶于水，可以被洗涤液脱除。而单质汞的这种转化与浆中硫酸氢根离子和金属离子有关，较高的浓度有利于促进氧化汞还原作用的发生。总的来说主要有以下两点原因：

（1）石灰或石灰石浆液的蒸发可以在脱硫剂外表面形成一层水膜，Hg^{2+} 和 Hg^0 可以在水膜中反应生成 Hg^{2+}，随之 Hg^{2+} 又和浆液中的 OH^- 反应生成 Hg^0 和 HgO，而 HgO 会被 SO_2 还原成 Hg^0。

（2）烟气中的 SO_2 会溶解在洗涤液中进而形成亚硫酸盐和硫酸盐。在这种情况下，溶解下洗涤液中的 Hg^{2+} 又与之反应生成 $HgSO_3$ 和 $HgSO_4$。部分 $HgSO_3$ 和 $HgSO_4$ 又经过一系列的反应释放出 Hg^0。

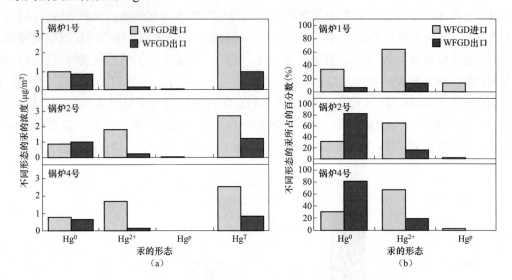

图 8-27　WFGD 进、出口处汞的浓度；汞形态的百分比
（a）WFGD 进、出口处汞的浓度；（b）WFGD 进、出口处汞形态的百分比

烟气中汞的形态转化取决于操作条件，是一个非常复杂的过程。这就导致了即使是在相似的系统中汞的转化也是不同的。2 号锅炉中，WFGD 进口处的烟气温度为 124.6℃，而 4 号锅炉则为 109.84℃。洗涤装置中烟气温度的增加可能导致 Hg^0 排放的增加，但影响并不是很大。此外，浆液的 pH 值也是影响 Hg^0 再释放的一个重要因素，但影响大小并不确定。2 号锅炉中浆液的 pH 为 5.02，而 4 号锅炉则为 5.39。浆液的 pH 值随着烟气中 O_2 浓度的增加而下降，这会导致 Hg^0 再释放的增加。尹正明等也得出相同的结论，并且还指出 Ca 基类中的 $CaSO_3$ 及部分过渡态金属对汞有较强的还原性。因此，还要对脱硫系统各运行参数对脱汞效率造成的影响进行更加细致的研究，以便可以通过适当地改变工艺来降低汞的排放。

8.7　WESP 对多种污染物的联合脱除及机理分析

8.7.1　WESP 对 PM 的脱除性能

湿式电除尘技术与干式静电除尘器工作原理基本相同，主要区别在于湿式电除尘技术无振打装置，通过在集尘极上形成连续的水膜高效清灰，除尘效率不受烟尘比电阻影响，可有效避免二次扬尘及反电晕现象，对烟气中 $PM_{2.5}$、酸雾、有毒重金属、气溶胶等有害物质均有良好脱除作用。干式、湿式静电除尘器各技术指标差异如表 8-2 所示。电厂 1、2 及 4 号机组满负荷工况下湿式电除尘器前后颗粒物浓度如图 8-28 所示，湿式除尘器除尘效率分别为 77.87%、88.82%及 83.6%。与 1、2 号机组相比，4 号机组超低排放路线增加了脱硫除尘一体化装置，因此其 WESP 进口颗粒物浓度较低。

表 8-2　　　　　　　　　　　　干式、湿式静电除尘器技术指标差异

技术指标	干式静电除尘器	湿式静电除尘器
处理烟气温度	121～454℃	48～54℃
处理烟气湿度	<10%	100%
烟气流速	~1.5m/s	~3m/s
处理时间	>10s	~1～5s
飞灰比电阻	显著影响	无影响
二次扬尘	有	无
电极材料	低碳钢	合金、导电玻璃钢、纤维织物等

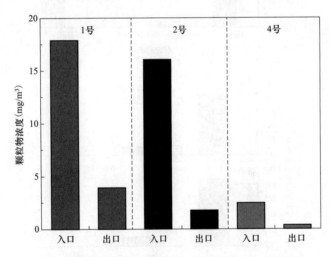

图 8-28　机组湿式电除尘器前后颗粒物浓度（满负荷运行）

8.7.2　WESP 对 SO_x 的联合脱除性能

SO_3 易溶于水，可被 WESP 中清灰水膜有效吸收脱除。已有学者测试了两台 WESP 对 SO_3 的脱除作用，结果发现两台 WESP SO_3 进出口浓度分别为 7.189、3.049mg/m³ 及 5.769、2.017mg/m³；脱除效率分别为 56.29%和 62.94%。4 号机组采用刚性极板喷淋式电除尘器，在沿气流方向上布置有喷淋分管对持续放电的阴极线和阳极板进行连续稳定的冲洗。测试结果表明，4 号机组满负荷下 SO_3 浓度由 WESP 入口的 11.5mg/m³ 显著降低至 3.2mg/m³，脱除效率为 72.17%。

8.7.3　WESP 对汞的联合脱除及机理分析

WESP 在超细颗粒和气溶胶的脱除过程中起到非常重要的作用，尤其是在超低排放改革后在电厂得到了广泛的应用。如图 8-29 所示，经过 WESP 后 Hg^0 的浓度从 0.68～

0.84μg/m³ 下降到 0.45~0.48μg/m³，同时 Hg^{2+}的浓度也由 0.13~0.16μg/m³ 下降到 0.06~0.07μg/m³。烟气中水溶性的 Hg^{2+}在经过 WESP 中的飞灰补集板时会溶解在上面的水膜层中。然而，Hg^0 是难溶于水的。因此，Hg^0 浓度的降低应该是 Hg^0 经历了向 Hg^{2+}/Hg^p 的转化过程。WESP 的电极会产生电晕放电。电晕放电过程中，经电场加速形成的高能电子首先与气体分子发生碰撞反应，导致气体分子电离、激发、离解并分别形成正离子、激发态分子或原子、初始自由基等，部分初始自由基通过自由基重组反应生成二次自由基，初始自由基与二次自由基共同作用于污染物脱除过程。

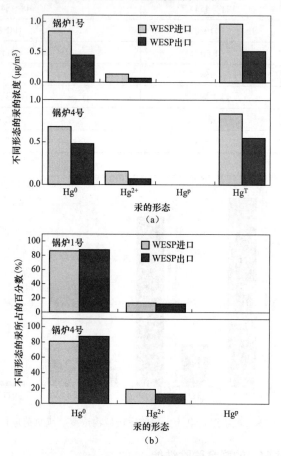

图 8-29　WESP 进、出口处汞的浓度、汞形态的百分比

（a）汞的浓度；（b）汞形态的百分比

9

多污染物协同脱除反应强化研究

9.1 概　　述

煤炭燃烧、垃圾焚烧等都会产生大量烟气污染物，包括颗粒物（烟尘、飞灰等）、酸性气体（NO_x、SO_2 等）、有机氯化物（PCDD/Fs 等）以及重金属（Hg、Cd 等），给生态环境与人体健康带来极大的伤害。烟气治理一般采用单独的控制设备进行分段脱除，但随着污染物种类增多，这种分段处理方式会导致整套烟气处理系统过于庞大复杂，且难以运行维护，因此，进一步开发污染物协同脱除技术，如低温等离子体协同脱除技术、氧化法协同脱除技术、SCR 脱硝协同脱除技术、水泥窑协同处置飞灰技术、复合催化滤料协同脱除技术等，不仅能够有效减少烟气污染物排放量、提高效率，同时能够减少成本，节约人力、物力，有更广阔的发展前景。路平等[244]对氧化法协同脱除技术的臭氧氧化过程进行研究发现，以水为吸收剂，通过优化参数，可以使得脱硫和脱硝效率高达 92%和 97.5%，与单独脱硫脱硝相比大大提高；关于 SCR 脱硝协同脱除技术，李永生等[245]基于 Hg^0 反应机制，研究了烟气中 HCl、NH_3 和 SO_3 对 Hg^0 在 SCR 表面反应的影响，结果发现 HCl 和 SO_3 对其反应有促进作用，而 NH_3 则抑制反应的进行；周春琼等[246]探究了金属络合物结合湿法协同脱除技术，在钴类络合剂中加入尿素，能够将 SO_3^{2-} 高效氧化为 SO_4^{2-}，避免沉淀的产生，提高脱硝效率。

9.2　TiO$_2$-V$_2$O$_5$-Ag 高温脱硫脱硝脱汞一体化

9.2.1　催化剂的制备方法

采用静电纺丝法制备纯 TiO_2 纳米纤维及不同 V_2O_5 和 Ag 掺杂的 TiO_2-V_2O_5-Ag 纳米纤维。

1. 静电纺丝技术的原理

静电纺丝法即聚合物喷射静电拉伸纺丝法，与传统方法截然不同。首先将聚合物熔体或溶液加上几千至几万伏的高压静电，从而在毛细管和接地的接收装置间产生一个强大的电场力。当电场力施加于液体的表面时，将在表面产生电流。相同电荷相斥导致了电场力与液体的表面张力的方向相反。这样，当电场力施加于液体的表面时，将产生一个向外的力，对于一个半球形状的液滴，这个向外的力就与表面张力的方向相反。如果电场力的大小等于高分子溶液或熔体的表面张力时，带电的液滴就悬挂在毛细管的末端并处在平衡状态。随着电场力的增大，在毛细管末端呈半球状的液滴在电场力的作用下将被拉伸成圆锥状，这就是 Taylor 锥。当电场力超过一个临界值后，排斥的电场力将克服液滴的表面张力形成射流。在静电纺丝过程中，液滴通常具有一定的静电压并处于一个电场当中，因此，当射流从毛细管末端向接收装置运动的时候，都会出现加速现象，这也导致了射流在电场中被拉伸，其中的溶剂蒸发或固化，最终在接收装置上形成无纺布状的纳米纤维[151]。因此，静电纺丝就是高分子流体静电雾化的特殊形式，此时雾化分裂出的物质不是微小液滴，而是聚合物微小射流，可以运行相当长的距离，最终固化成纤维。

2. 纺丝前驱体溶液的制备

（1）纯 TiO_2 前驱体溶液的制备。在 2g 钛酸四丁酯中加入一定量的无水乙醇、乙酸和蒸馏水，将其剧烈搅拌形成混合均匀的溶液 A，再向溶液 A 中加入一定量的聚乙烯吡咯烷酮（PVP），剧烈搅拌 3h，混合均匀后制得黏稠的 PVP/TiO_2 前驱体溶液。

（2）V_2O_5 和 Ag 同时掺杂 TiO_2 前驱体溶液的制备。首先称取一定量的三丙醇氧钒加入烧杯中，接着迅速称取 2g 钛酸四丁酯加入向烧杯中，在剧烈搅拌的条件下，向其中加入一定量的无水乙醇、乙酸，配置得到溶液 B；接着向溶液 B 中加入一定量的 $AgNO_3$ 的水溶液，并用磁力搅拌器持续搅拌；最后加入 PVP，剧烈搅拌，直至得到均一、透明，具有一定黏度的 $PVP/TiO_2/WO_3/Ag$ 的前驱体溶液。

3. 纺丝纤维的制备

将制得的前驱体溶液加入注射器中，注射器通过聚乙烯软管与不锈钢的喷丝头相连，喷丝头内径为 0.5mm。转鼓收集装置与喷丝头的距离为 15cm，转鼓的旋转速度为 200r/min。在转鼓与喷丝头之间加入 16kV 的高压电，在 25℃条件下，保持湿度在 40%左右，开始静电纺丝。在电场力的作用下，纳米纤维被收集到旋转金属丝转鼓收集装置上。静电纺织装置如图 9-1 所示。将制得的纳米纤维无纺布取下后，置于马弗炉中 500℃下煅烧 3h 以去除其中的 PVP 与有机组分。高温锻烧将会引起应力的变化及纤维的弯曲，为了释放应力并减小纤维的变形，锻烧温度从室温经过 4h 缓慢的升高到 500℃。制备得到的 TiO_2-V_2O_5-Ag 简写为 TvxAy，其中，T 代表 TiO_2，V 代表 V_2O_5，A 代表 Ag，x 代表 V_2O_5 的质量百分含量（x 等于 3、5 和 7），y 代表 Ag 的质量百分含量（y 等于 1、2 和 3）。

9.2.2 TVA 催化剂的表征

1. XRD 表征

TVA 催化剂的 XRD 表征如图 9-2 所示，在三种催化剂 TV5A1、TV5A2 和 TV5A3 的衍射图谱中均观察到锐钛矿 TiO_2 的特征衍射峰，分别为 25.6°的（101）衍射峰、37.5°的（103）衍射峰、38.3°的（004）衍射峰、39.1°的（112）衍射峰、48.7°的（200）衍射峰、54.7°的（105）衍射峰、55.9°的（211）衍射峰、63.7°的（204）衍射峰、69.9°的（116）衍射峰、71.4°的（220）衍射峰、76.3°的（215）衍射峰和 77.3°的（301）衍射峰。这些锐钛矿衍射峰的强度大、峰型尖锐，表明锐钛矿 TiO_2 的含量高且结晶度大。而在 XRD 图谱中没有观察到任何金红石的特征峰，表明在 500℃热处理下，TiO_2-V_2O_5-Ag 催化剂中 TiO_2 完全以锐钛矿形态存在，不含有金红石相。对比 TV5A1、TV5A2 和 TV5A3 三种催化剂的衍射图谱，可以发现其峰型基本相同，表明在 TiO_2 中掺杂少量的 V_2O_5 和 Ag 不影响 TiO_2 的晶体形态和结晶度，同时基本相同的制备工艺及参数也是三种催化剂衍射图谱基本相同的重要原因。另外，在 XRD 中没有检测到 V_2O_5 晶体的特征峰，分析原因是 V_2O_5 含量较少仪器无法检测出且 V_2O_5 高度均匀地分散在 TiO_2 纤维中，这一现象与 Kobayashi 等[188]人的研究结果相似，即当 5%质量分数的 V_2O_5 负载在 TiO_2 上时，XRD 无法检测得到 V_2O_5 晶体的特征峰，此时 V_2O_5 高度分散在载体表面。

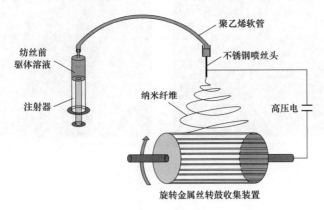

图 9-1　静电纺丝装置示意图

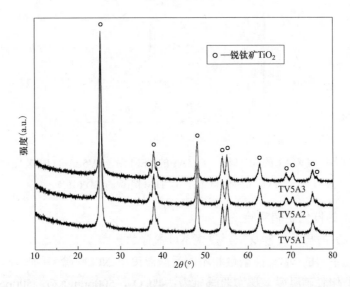

图 9-2　TVA 催化剂的 XRD 衍射图

2. SEM、TEM 和 EDX 表征

图 9-3 显示了 TV5A1 催化剂的微观形貌，其中图 9-3（a）显示 TV5A1 的 SEM 图，图 9-3（b）显示 TEM 图，图 9-3（c）显示 EDX 图谱。由 SEM 图可观察到，TV5A1 纤

维在放大倍数为 20 000 倍时纤维的粗细均匀且表面光滑。TEM 图显示 TV5A1 纤维的直径在 200nm 左右，纤维由大量致密的微小颗粒组成，纤维没有中空或多孔的结构，这些微小的颗粒为结晶态的 TiO_2，它们紧密地连接在一起构成了细长的、连续不断的 TV5A1 纤维，颗粒状 TiO_2 的外径在 10nm 左右。EDX 图谱上可以观察到 Ti、O、V 和 Ag 四种元素的衍射峰，表明静电纺丝法成功制备了 V_2O_5 和 Ag 同时掺杂的 TiO_2 纳米纤维，并且通过煅烧，纤维中的有机组分已去除完全。

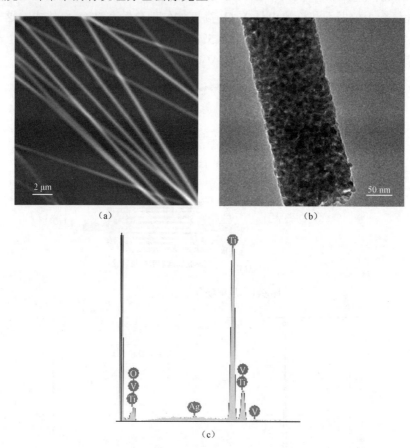

图 9-3　TV5A1 的 SEM 图，TV5A1 的 TEM 图，TV5A1 的 EDX 图谱

（a）TV5A1 的 SEM 图；（b）TEM 图；（c）EDX 图谱

9.2.3　TVA 的催化脱硝实验

1. V_2O_5/TiO_2 的质量比和反应温度对 NO 脱除的影响

首先考察在不同的 V_2O_5 掺杂量和不同反应温度下 NO 脱除率的变化，找出 V_2O_5 的最佳掺杂量和催化脱硝温度。该实验气氛为：4% O_2，500ppm NO，500ppm NH_3，N_2 为平衡气，反应温度为：300～400℃，该条件下 V_2O_5/TiO_2 的质量比和反应温度对 NO 脱除的影响如图 9-4 所示。初始阶段，三种催化剂的脱硝效率均随反应温度的升高而增加，这一趋势直至 370℃，此时脱硝率达到最高值，继续增加反应温度，三种催化剂的脱硝率均开始下降，在整个实验温度范围内，三种催化剂脱硝效率的变化趋势基本相同的，

即在 370℃都表现出最高的催化脱硝率，表明 370℃是 TVA 催化剂脱硝的最佳温度。同时发现，在每一个相同的温度下，当 V_2O_5/TiO_2 的质量比为 5%时，TV5A1 的脱硝效率都高出其余两种催化剂，即 TV5A1 都现出最好的脱硝效果，比较最佳反应温度 370℃下三种催化剂的效率。如图 9-4 所示，TV3A1、TV5A1 和 TV7A1 的催化脱硝率分别为 64%、73%和 68%，显然 TV5A1 在 370℃表现出最佳的脱硝率，在下面的催化脱硝实验中反应温度均采用最佳温度 370℃，催化剂选用具有最佳 V_2O_5/TiO_2 质量比的 TV5A1。

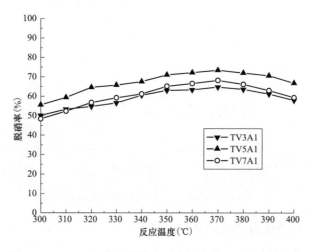

图 9-4 V_2O_5/TiO_2 的质量比和反应温度对 NO 脱除的影响

2. NH_3/NO 的摩尔比对 NO 脱除的影响

在脱硝实验中，采用 NH_3 作为还原剂将有污染的 NO 还原为无污染的 N_2 从而除去。NH_3/NO_x 比是 SCR 设备运行过程中一个非常重要的指标，作为脱硝过程中的重要反应物，对脱硝的效率有很大的影响；同时还决定了 NH_3 的喷入量以及泄漏量。本实验中 NO_x 仅为 NO，所以仅考察 NH_3/NO 比值。实验的烟气气氛为：4% O_2，500ppm NO，400～650ppm NH_3，N_2 为平衡气，反应温度为 370℃。实验通过改变 NH_3/NO 的摩尔比，考察其对于 TV5A1 催化剂脱硝性能的影响，结果如图 9-5 所示。当 NH_3/NO 的摩尔比为 0.8 时，脱硝效率较低，仅有 55%；随着 NH_3/NO 的摩尔比逐渐增加，脱硝效率也逐渐增加，当 NH_3/NO 的摩尔比为 1.0 时，即符合脱硝的主反应式（9-1）中 NH_3 与 NO 的理论比值，NH_3 与 NO 完全反应生成 N_2 和 H_2O，此时脱硝效率增加到 73%；进一步增加 NH_3/NO 的摩尔比到 1.1，脱硝效率有轻微的增加，可见一定限度的过量 NH_3 有助于 NO 的转化，此时 NH_3 与 NO 存在不完全反应，副反应式（9-2）和式（9-3）发生，多余的 NH_3 和 O_2 继续反应生成 N_2O 或 N_2；当 NH_3/NO 的摩尔比继续增加到 1.3 时，脱硝效率没有明显变化。由于逃逸出的 NH_3 会沉积在催化剂表面造成催化剂中毒，在电厂实际运行过程中，过量的 NH_3 还会在 SCR 设备之后的空气预热器及管道上沉积，造成堵塞腐蚀等问题，同时 NH_3 本身也是有毒气体，会对人体造成伤害。因此，为了达到较好的脱硝效果，同时又为了节约还原气体的用量和避免发生过多的副反应，在下面的脱硝实验中将

NH₃/NO 摩尔比控制在 1.0。

$$4NO + 4NH_3 + O_2 \xrightarrow{Catalyst} 4N_2 + 6H_2O \tag{9-1}$$

$$2NH_3 + 2O_2 \longrightarrow N_2O + 3H_2O \tag{9-2}$$

$$4NH_3 + 3O_2 \longrightarrow 2N_2 + 6H_2O \tag{9-3}$$

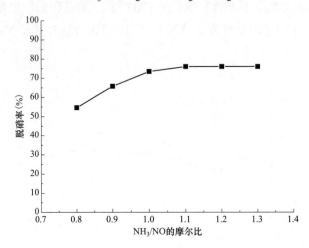

图 9-5　NH₃/NO 的摩尔比对 NO 脱除的影响

9.2.4　TVA 催化脱除 Hg⁰ 的研究

1. Ag/TiO₂ 的质量比对脱汞的影响

Ag/TiO₂ 的质量比是影响催化剂脱汞效率的一个非常重要的因素。由于 Ag 为贵金属单质，为了实现经济且高效地脱除烟气中的单质汞，要求催化剂在 Ag/TiO₂ 的质量比较低的条件下仍具有很强的脱汞能力。在上一节的脱硝实验中确定了 V₂O₅/TiO₂ 的质量比为 5%时，TV5Ax 催化剂具有较好的脱硝能力，因此在这里改变 Ag/TiO₂ 的质量比，研究其分别 1%、2%和 3%时，TV5A1、TV5A2 和 TV5A3 催化剂在纯氮气条件下 370℃时的脱汞效率。Ag/TiO₂ 的质量比对脱汞的影响如图 9-6 所示，当 Ag/TiO₂ 的质量比为 1%时，随着 TV5A1 催化剂的加入脱汞率快速升高到 90%以上，并在 20min 后稳定在 94%，表明 TV5A1 中的 Ag 可以有效地与烟气中的单质汞结合，形成银汞合金，且 1%的银量已经能够满足脱汞的要求。同时发现随着 Ag 含量的不断增加，催化剂的脱汞效率也不断提高。当 Ag/TiO₂ 的质量比增加到 2%，TV5A2 在 370℃时的脱汞率增加到 97%，表明 Ag 在脱除烟气中 Hg⁰ 的重要作用，更多质量的单质银可以更加彻底有效地降低 Hg⁰ 的含量，同时表明 TiO₂-V₂O₅-Ag 催化剂在高温下仍然有很高的脱汞能力，能够在高温下高效地脱除烟气中的 Hg⁰。随着 Ag/TiO₂ 的质量比进一步增加到 3%，TV5A3 在 370℃时的脱汞率增加到 98%。为了获得较高的脱汞率的同时降低催化剂的成本，实现经济有效的脱汞，并且能够清晰地显示各种因素对脱汞的影响，在下面的脱汞实验中选用 TV5A1 纤维作为后续研究的催化剂。

2. 反应温度对脱汞的影响

反应温度对催化剂脱汞性能的影响非常重要，很多 SCR 催化剂只在低温时具有好的脱

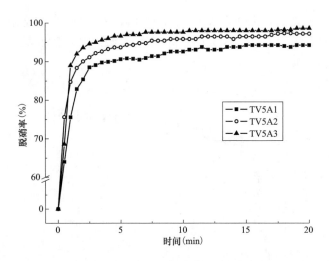

图 9-6 Ag/TiO$_2$ 的质量比对脱汞的影响

汞能力，而随着反应温度升高脱汞效率降低很快，在典型的催化脱硝反应温度下（370℃左右）的脱汞效率较低，导致不能达到脱硝的同时脱除 Hg^0，因此研究催化剂在高温下的脱汞活性非常重要。实验在纯 N$_2$ 气氛下，在 300~400℃ 较高温时对 TV5A1 催化剂进行了脱汞实验，考察了催化剂在高温下的脱汞活性。反应温度对 TV5A1 脱汞的影响如图 9-7 所示。在 300℃ 时，TV5A1 的脱汞效率稳定在 94%；随着反应温度升高到 350℃，TV5A1 的脱汞效率稳定在 95%，几乎没有变化；当反应温度继续升高到 370℃ 和 400℃，TV5A1 的脱汞效率仍然变化非常小，分别保持在 94% 和 93%。实验表明在 300~400℃ 温度范围内，TV5A1 的脱汞效率不随温度而变化，催化剂中的单质银在高温下仍然可以快速稳定地和烟气中的汞发生齐化反应，并生成银汞合金，TV5A1 在高温下仍表现出很好的脱汞活性，这一重要性质将是 TV5A1 催化剂能够在催化脱硝的同时有效脱除烟气中 Hg^0 的基本保证，由于 TV5A1 可以在典型 SCR 操作温度保持脱汞能力，这使 TV5A1 同时脱除烟气中的多种污染物成了可能。TV5A1 在 370℃ 表现出最好的脱硝效率，因此后续的脱汞实验的反应温度均采用 370℃。

9.2.5 TVA 脱除 SO$_2$ 的性能

实验研究了 TiO$_2$-V$_2$O$_5$-Ag 催化剂脱除模拟燃煤烟气中 SO$_2$ 的能力。实验气氛为：4% O$_2$，12% CO$_2$，8% H$_2$O，400ppm SO$_2$，500ppm NO，N$_2$ 为平衡气，反应温度为 370℃。催化剂仍然选用具有较好脱硝和脱汞性能的 TV5A1。TV5A1 的脱硫效率随时间的变化如图 9-8 所示。由图 9-8 可知，TV5A1 催化剂在 370℃ 时的脱硫效率很低，只有 5% 左右，表明 TiO$_2$-V$_2$O$_5$-Ag 催化剂在 370℃ 时不能有效地氧化并脱除烟气中的 SO$_2$。在 Kobayashi[196] 的研究中，使用 SCR 催化剂 V$_2$O$_5$/TiO$_2$ 脱除烟气中的 SO$_2$，在反应气氛为：4% O$_2$，10% H$_2$O，200ppm NH$_3$，200ppm NO，N$_2$ 为平衡气，反应温度为 400℃ 时，SO$_2$ 的转化率只有 3%。同样在 Nova[197] 的研究中，使用 SCR 催化剂 V$_2$O$_5$-WO$_3$/TiO$_2$ 脱除烟气中的 SO$_2$，在反应气氛为：2% O$_2$，10% H$_2$O，1000ppm SO$_2$，N$_2$ 为平衡气，反应温度为 380℃ 时，SO$_2$ 的转化率只有 1.5%。以 TiO$_2$ 为载体的钒基催化剂在 SCR 反应温度下脱硫率很

低的原因可能是在无光照时 TiO$_2$ 和 V$_2$O$_5$ 不能被激发产生活性自由基来氧化 SO$_2$，而 V$_2$O$_5$ 中的晶格氧的含量有限也不能使 SO$_2$ 的脱除率达到较高水平，因此只在物理吸附作用下，催化剂的脱硫效率很低。

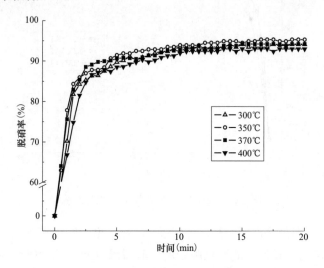

图 9-7　反应温度对脱汞的影响

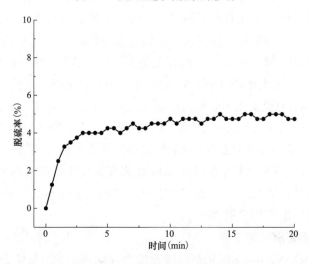

图 9-8　TV5A1 的脱硫率随时间的变化

9.2.6　TVA 同时脱除 NO、Hg^0 和 SO$_2$ 的稳定性

实验考察 TVA 催化剂在模拟烟气条件下同时脱硫脱硝和脱汞的能力，由于 TV5A1 催化剂展示了较好的脱硝和脱汞性能，实验研究其在 250min 内同时脱除 SO$_2$、NO 和 Hg^0 的效率和稳定性，从而验证 TV5A1 催化剂同时脱除燃煤烟气中多种污染物的能力。实验气氛为：4% O$_2$，12% CO$_2$，8% H$_2$O，400ppm SO$_2$，500ppm NO，500ppm NH$_3$，N$_2$ 为平衡气，反应温度为 370℃。如图 9-9 所示，在 250min 时，TV5A1 的脱硫、脱硝和脱汞效率分别为 85%、66% 和 3.5%，表明 TV5A1 催化剂脱硫脱硝和脱汞的性能稳定，较长时间下使用仍能保持良好的脱汞和脱硝能力。

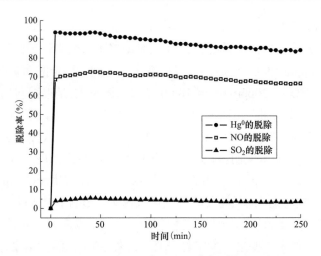

图 9-9　TVA 同时脱除 NO、Hg^0 和 SO$_2$ 的稳定性

9.3　溴化钙添加后烟气汞排放特征

9.3.1　溴化钙对汞的氧化作用

通过在燃煤中添加一定量的溴化钙增加烟气中二价汞的比例是本次脱汞试验的关键和依据。本项目使用 OH 法在静电除尘器入口对烟气的汞形态进行了测量（见图 9-10），发现未添加溴化钙时，二价汞占总汞的 35%±6%；添加溴化钙以后，二价汞占总汞的份额提高到 85%～100%，平均为 93%。本次试验还发现，加入 20ppm 的溴化钙已经能使二价汞的份额显著提高，所以今后有必要开展更低浓度的溴化钙添加试验，以便更深入地了解溴化钙添加量与汞形态的关系。

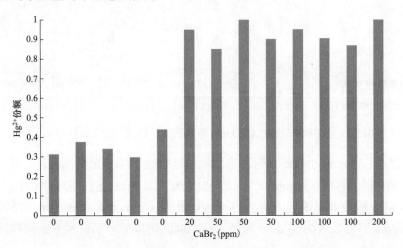

图 9-10　燃煤中添加溴化钙对汞的氧化效果

9.3.2　溴化钙及 FGD 对汞排放的协同脱除作用

添加溴化钙以尽可能地将元素汞转化为二价汞，理论上可以通过现有的环保设施协

同减少烟气汞排放，但实际的脱汞效果需要进行验证。为此，在燃煤中添加了不同浓度的溴化钙，在 FGD 后用 CEMS 系统和 30B 法对烟气汞浓度进行测定，结果如下：

（1）溴煤比 20ppm。9:00 以后，测试机组运行达到了稳定的高负荷。从 10:55 开始添加 $CaBr_2$ 溶液（溴煤比 20ppm），至 16:00 结束。图 9-11 是根据同期 CEMS 的监测数据绘制的 $CaBr_2$ 脱汞效果图。由图 9-11 可见，添加 $CaBr_2$ 以后，汞的平均排放浓度从此前的 $4.73\mu g/m^3$ 下降为 $3.76\mu g/m^3$，减少了 20.5%，初步显示了这种方法的有效性。另外，添加 $CaBr_2$ 以后，Hg^{2+} 的浓度明显提高，与此相伴的是 Hg^0 浓度下降，表明虽然 $CaBr_2$ 已经成功地将 Hg^0 氧化为 Hg^{2+}，但由于该厂脱硫过程不能将增加的 Hg^{2+} 相应完全脱除，所以一些 Hg^{2+} 没有被捕集，而是随脱硫烟气排放出去，影响了对汞的协同脱除率。不过，这从另一方面说明，如果该厂的脱硫工艺做相应的改进，带来的协同脱汞效果会更好（远高于 21%），具体的结果需要进一步实验研究。此外 30B 法测量结果也证实了 $CaBr_2$ 的作用，见图 9-12，烟气汞的浓度从未添加溴化钙的 $6.20\mu g/m^3$ 下降至 $4.72\mu g/m^3$，减少23.9%。

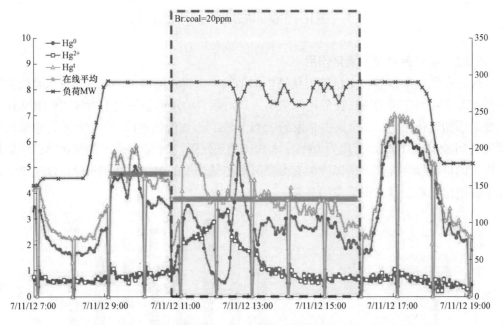

图 9-11　CEMS 在线测定 20ppm 溴化钙的协同脱汞效果（FGD 后）

（2）溴煤比 50ppm。08:36 以后，测试机组运行达到了稳定的高负荷。从 10:10 开始添加 $CaBr_2$ 溶液（溴煤比 50ppm），至 15:55 结束。图 9-13 是根据同期 CEMS 的监测数据绘制的 $CaBr_2$ 脱汞效果图。由图 9-13 可见，添加 $CaBr_2$ 以后，汞的平均排放浓度从此前的 $6.91\mu g/m^3$ 下降为 $4.65\mu g/m^3$，减少了 32.7%，初步显示了这种方法的有效性，表明 $CaBr_2$ 添加量的增加有助于提高脱硫塔的协同脱汞能力。

需要说明的是，在开始添加 $CaBr_2$ 以后不久，脱硫塔开始除雾器冲水，这促使除雾器波纹板上累积的汞集中释放而使 CEMS 监测的数据突然上升。由于除雾器位于脱硫塔浆液喷淋装置的上方，所以它的汞释放是不能被脱硫塔捕集的，因此在计算时剔除了这部分数据；13:00 以后，因为锅炉负荷短时间内的提高造成了汞排放的不稳定，所以此后的数据也没使用。

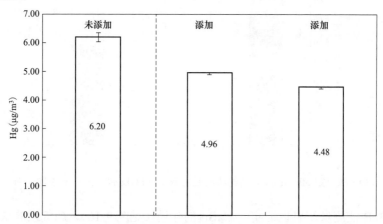

图 9-12　30B 法测定 20ppm 溴化钙的协同脱汞效果（FGD 后）

此外，30B 法测量结果也证实了 $CaBr_2$ 的作用，见图 9-14，烟气汞的浓度从未添加溴化钙的 7.23μg/m³ 下降至 5.12μg/m³，减少 29.2%。

（3）溴煤比 100ppm。08:35 以后，测试机组运行达到了稳定的高负荷。从 11:00 开始添加 $CaBr_2$ 溶液（溴煤比 100ppm），至 15:55 结束。图 9-15 是根据同期 CEMS 的监测数据绘制的 $CaBr_2$ 脱汞效果图。由图 9-15 可见，添加 $CaBr_2$ 以后，汞的平均排放浓度从此前的 6.19μg/m³ 下降为 2.87μg/m³，减少了 53.6%，再次表明 $CaBr_2$ 添加量的增加有助于提高脱硫塔的协同脱汞能力。

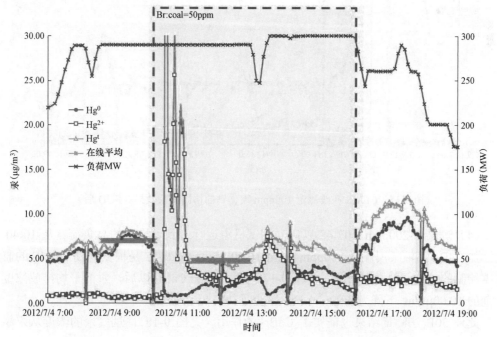

图 9-13　CEMS 在线测定 50ppm 溴化钙的协同脱汞效果（FGD 后）

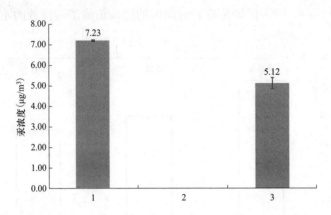

图 9-14　30B 法测定 50ppm 溴化钙的协同脱汞效果（FGD 后。左，未添加；右，添加）

此外，30B 法测量结果也证实了 $CaBr_2$ 的作用（见图 9-16），烟气汞的浓度从未添加溴化钙的 $9.20\mu g/m^3$ 下降至 $3.13\mu g/m^3$，减少 66.0%。

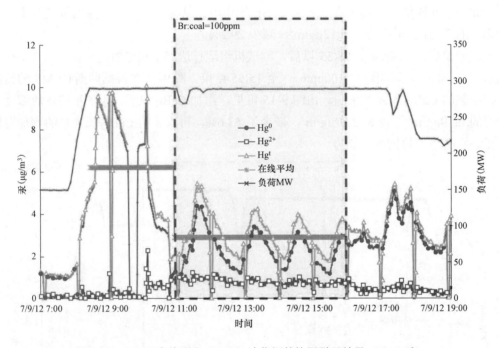

图 9-15　CEMS 在线测定 100ppm 溴化钙的协同脱汞效果（FGD 后）

（4）溴煤比 200ppm。07:48 以后，测试机组运行达到了稳定的高负荷。从 10:40 开始添加 $CaBr_2$ 溶液（溴煤比 200ppm），至 16:00 结束。图 9-17 是根据同期 CEMS 的监测数据绘制的 $CaBr_2$ 脱汞效果图。由图 9-17 可见，添加 $CaBr_2$ 以后，汞的平均排放浓度从此前的 $10.00\mu g/m^3$ 下降为 $9.09\mu g/m3$，减少了 29.1%。

此外 30B 法测量结果也证实了 $CaBr_2$ 的作用（见图 9-18），烟气汞的浓度从未添加溴化钙的 $7.27\mu g/m^3$ 下降至 $5.02\mu g/m^3$，减少 30.9%。

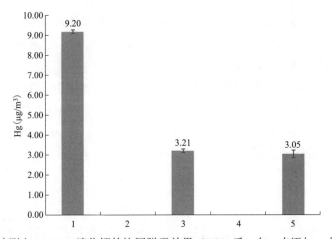

图 9-16　30B 法测定 100ppm 溴化钙的协同脱汞效果（FGD 后、左，未添加；中、右，添加）

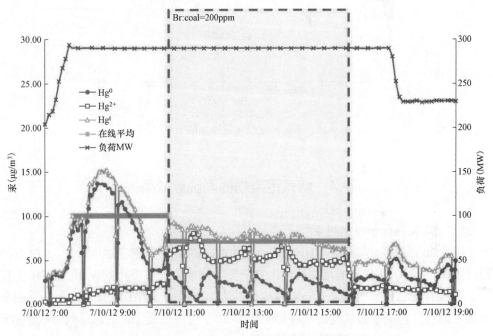

图 9-17　CEMS 在线测定 200ppm 溴化钙的协同脱汞效果（FGD 后）

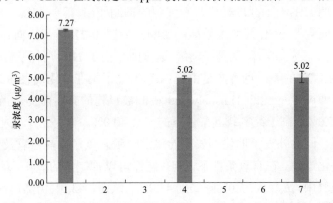

图 9-18　30B 法测定 200ppm 溴化钙的协同脱汞效果（FGD 后。左：未添加；中、右：添加）

　　值得注意的是，200ppm 溴化钙添加的脱汞能力反而比 100ppm 低，可能是由于浆液中溴离子增加到一定程度后，打破了脱硫塔中溶液的汞平衡，使部分二价汞挥发至烟气中，具体的原因需要进一步研究。

　　（5）不同浓度溴化钙添加的效果比较。本次试验往燃煤中添加了 20、50、100ppm 和 200ppm 不同浓度的溴化钙。30B 法和 CEMS 法检测到的协同脱汞效率绘制于图 9-19 中。由图 9-19 可见，在目前机组和脱硫塔运行工况下，50～100ppm 的溴化钙添加可以实现相对有效和可靠的汞去除。

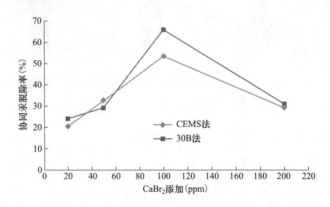

图 9-19　不同浓度溴化钙添加的效果比较

9.4　烟气污染物协同脱除效果

9.4.1　SCR 催化剂脱硝脱汞

　　从图 9-20 可以看出，随着 NH_3/NO 比的增加，NO 的转化率呈线性增加，当 NH_3/NO 比超过 1.0 后，NO 转化率的增加幅度明显降低，这表明，在催化剂表面以 SCR 主反应为主，但 NH_3 的氧化反应还是会一定程度地发生，特别是当 NH_3 过量后，氧化反应会得到加强，同时消耗更多的氧气，从而影响到 SCR 主反应的发生，进而影响到脱硝效率。而 NH_3/NO 比对 Hg^0 转化的影响则截然相反，当 NH_3/NO 比超过 1.0 后，Hg^0 的转化几乎全部消失，这说明 NH_3 对 Hg^0 的转化具有强烈的抑制作用。

　　下面进一步研究了 NH_3 对脱汞性能的影响。如图 9-21 所示，向纯 N_2 载气中添加 100ppm NH_3 后，E_{oxi} 从 40% 降低到 1.5%。这可能是由于 NH_3 消耗了催化剂表面可以在纯 N_2 气氛下将汞氧化的氧；也可能是由于 NH_3 抑制了汞在催化剂表面的吸附[135, 136]，而汞的吸附是其通过 Langmuir-Hinshelwood 机制被氧化的必要前提。当载气中含有 4% O_2 时，E_{oxi} 为 75.0%，高于纯氮载气条件下的 E_{oxi} 40.0%。这是由于气相 O_2 再生了催化剂表面的晶格氧，同时补充了催化剂表面的化学吸附态氧，而晶格氧及化学吸附态氧均可以参与汞的氧化过程。在有氧条件下，NH_3 同样可以抑制汞的氧化，添加 100ppm NH_3 到含 4% O_2 的载气中，E_{oxi} 从 75.0% 降低到 43.0%。然而，43.0% 仍然远高于纯 N_2 载气添加 100ppm NH_3 时汞的氧化效率 1.5%。这说明，气相 O_2 的存在抵消了部分 NH_3 的抑制作用。因此，可以推断 NH₃ 对汞氧化的抑制作用至少部分是由于 NH₃ 消耗了催化剂表面的氧引起的。除了这个原因，我们还发现 NH₃ 抑制了汞的吸附。如图 9-22 所示，催化剂首先在 200℃纯 N₂ 条件下吸附少量单质汞，然后切断汞源，同时添加 100ppm NH₃ 到载气中，催化剂后汞的浓度急剧升高。相反，如果不添加 NH₃，切断汞源后，催化剂后汞的浓度逐渐降低到 0。这表明催化剂表面 NH₃ 与汞之间发生了竞争吸附，且催化剂对 NH₃ 的亲和力大于其对汞的亲和力。值得注意的是，在切断汞源同时添加 NH₃ 后一小段时间内（30～40min）催化剂后汞的浓度没有明显升高。这可能是由于在初始阶段，催化剂表面的氧将 NH₃ 氧化成其他物质，且这些新物质与汞之间不存在竞争吸附。此外，NH₃ 还可能与 SO₂ 等烟气组分发生反应，这些反应也有可能影响催化剂上汞的氧化，尽管在催化剂上 SO₂ 与 NH₃ 之间的反应受到了抑制。因此，在今后的研究中有必要考察 NH₃ 与烟气组分之间的反应对汞氧化的影响。

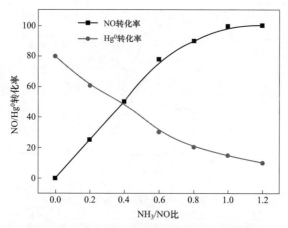

图 9-20　NH₃/NO 比对脱硝和脱汞效率的影响

（反应温度：380℃；HCl 浓度：0.45mmol/m³）

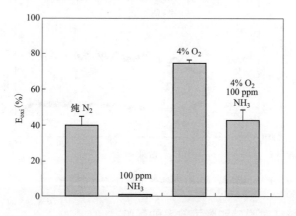

图 9-21　NH₃ 对汞氧化的影响

　　NH₃ 通过抑制单质汞的吸附、消耗催化剂的表面氧抑制了催化剂表面汞的氧化。然而，切断 NH₃ 后催化剂对汞的氧化能力可以迅速恢复，尤其是在有 O₂ 存在的条件下。

停 NH_3 后催化剂对汞的氧化性能如图 9-23 和图 9-24 所示。在 4% O_2 存在的条件下，含汞气流通过催化剂后汞浓度降低到进口浓度的 0.25 左右。添加 100ppm NH_3 后，反应器出口汞浓度约为进口浓度的 0.6，较无 NH_3 条件下有所降低。然而，当在 105min 切断 NH_3 后，反应器出口汞浓度迅速（小于 15min）降低到与无 NH_3 条件下相当的水平。由于催化剂的这个优点，在 SCR 反应器的尾部，当 SCR 反应器中的 NH_3 在 NO_x 的催化还原中被消耗后，可以获得较高的汞氧化效率。如图 9-25 所示，在无氧条件下，停 NH_3 后绝大部分的汞氧化能力仍然可以快速地恢复。与有 O_2 条件下相比，催化剂性能恢复需要更长的时间，在本实验时间范围内，没有实现催化剂性能的完全恢复。这再次说明了 NH_3 与催化剂表面氧之间的反应抑制了汞的氧化。同时，也说明与抑制单质汞的吸附相比 NH_3 消耗氧对催化剂性能降低的贡献较少。

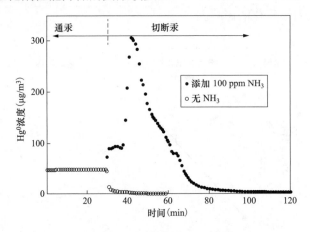

图 9-22　NH_3 促进单质汞脱附

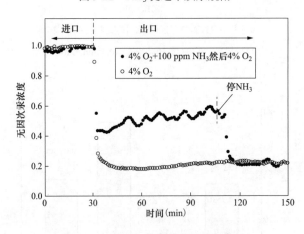

图 9-23　有氧条件下催化剂性能复原

9.4.2　催化剂特征对脱硝和脱汞效率的影响

图 9-25 为有、无 NH_3 存在的情况下，催化剂使用时间对脱硝和脱汞效率的影响。当 NO/NH_3 比为 0.75 时，随着催化剂使用时间的增加，Hg^0 的转化率有所降低，但是对 NO 的转化几乎没有影响。当 NO/NH_3 比为 0 时，Hg^0 转化率的降低幅度明显减小。新鲜催

化剂的 Hg^0 转化率约为 80%，但是，当催化剂使用 71 000h 后，Hg^0 转化率降为 73%。随着催化剂使用时间的增加，NH_3 的抑制作用明显增强。

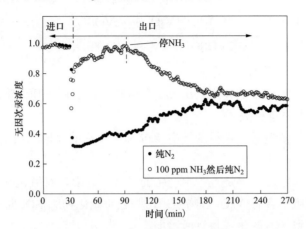

图 9-24 无氧条件下催化剂性能复原

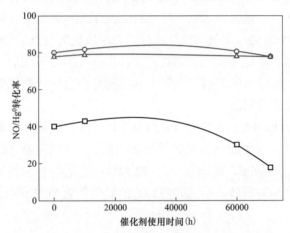

图 9-25 催化剂使用时间对 NO 和 Hg^0 转化率的影响

（反应温度：380℃；NO/NH_3 比为 0 和 0.75；—○—：NO/NH_3 比为 0.75 时 NO 转化率；

—△—：NO/NH_3 比为 0 时 Hg^0 转化率；—□—：NO/NH_3 比为 0.75 时 Hg^0 转化率）

9.4.3 SCR 脱硝系统对 SO_2 的脱除性能

除脱硝反应外，研究表明 SCR 催化剂在催化还原 NO_x 的过程中，也会对 SO_2 的氧化起到一定的催化作用。

燃煤烟气中 SO_3 来源于两部分：

（1）煤燃烧过程中，煤中可燃硫受热释放，在氧化性气氛下首先氧化生成 SO_2，其中 0.5%～1.5% 的 SO_2 会进一步氧化生成 SO_3。主要反应为

$$SO_2+O（+M）\longrightarrow SO_3（+M）\tag{9-4}$$

$$SO_2+OH（+M）\longrightarrow HOSO_2（+M）\tag{9-5}$$

$$HOSO_2+O_2（+M）\longrightarrow SO_3+HO_2\tag{9-6}$$

（2）烟气流经 SCR 后，0.5%～2%的 SO_2 被氧化为 SO_3。具体反应过程为

$$V_2O_5+SO_2\longrightarrow V_2O_4+SO_3 \tag{9-7}$$

$$2SO_2+O_2+V_2O_4\longrightarrow 2VOSO_4 \tag{9-8}$$

$$2VOSO_4\longrightarrow V_2O_5+SO_2+SO_3 \tag{9-9}$$

SO_3 的形成主要受三个因素的影响：

（1）高温燃烧区氧原子的作用，炉膛中温度越高，氧原子质量浓度越高，烟气停留时间越长，SO_3 的生成量越大。

（2）过量空气系数越低，使得烟气中能与 SO_3 反应的氧原子质量浓度越低，SO_3 的生成量越少。

（3）催化剂的作用，煤燃烧过程中产生的飞灰，其中含有氧化铁、氧化硅等物质，而受热面金属氧化膜中含有 V_2O_5 等物质；这些金属氧化物对 SO_2 向 SO_3 的转化过程具有催化作用，会导致 SO_3 的生成量有所增加。

烟气出炉膛后会在尾部烟道逐渐降温，SO_3 的存在形式会随着温度的降低而改变。烟气在空气预热器入口处温度在 350℃ 左右，出口处温度一般低于 150℃。空气预热器中，烟气在酸露点以上，SO_3 会与烟气中汽相水分结合形成硫酸蒸汽。当烟气温度低于 205℃ 时，几乎所有的 SO_3 都以硫酸蒸汽的形式存在。当烟气温度降到酸露点以下时，水蒸气和硫酸蒸汽会凝结，形成硫酸液滴。烟气中 SO_3 的存在会导致烟气酸露点升高，排烟不透明，空气预热器腐蚀等问题。

本节采用 EPA method 8 对 4 号机组满负荷条件下尾部烟道各污染物控制装置进出口 SO_3 浓度进行了测试，具体测试结果如图 9-26 所示。烟气流经 SCR 后，SO_3 浓度由 46.9mg/m³ 升高至 62.3mg/m³，脱除效率为–32.84%。这是由于 SCR 催化剂中 V_2O_5 等组分氧化了烟气中部分 SO_2 所致。研究表明 SO_2 的氧化率随 SCR 催化剂中 V_2O_5 含量的增加而增加。

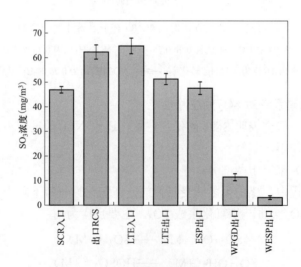

图 9-26　各污染物控制装置进出口 SO_3 浓度

9.4.4 WESP 对 PM 的脱除性能

湿式电除尘技术与干式静电除尘器工作原理基本相同，主要区别在于湿式电除尘技术无振打装置，通过在集尘极上形成连续的水膜高效清灰，除尘效率不受烟尘比电阻影响，可有效避免二次扬尘及反电晕现象，对烟气中 $PM_{2.5}$、酸雾、有毒重金属、气溶胶等有害物质均有良好脱除作用。各污染物控制装置对 SO_3 的脱除效率如图 9-27 所示。干式、湿式静电除尘器各技术指标差异如表 9-1 所示。电厂 1 号、2 号及 4 号机组满负荷工况下湿式电除尘器前后颗粒物浓度如图 9-28 所示，湿式除尘器除尘效率分别为 77.87%、88.82% 及 83.6%。与 1 号、2 号机组相比，4 号机组超低排放路线增加了脱硫除尘一体化装置，因此其 WESP 进口颗粒物浓度较低。

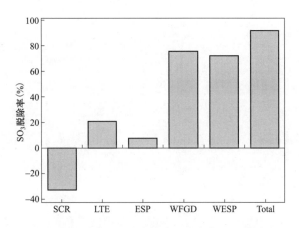

图 9-27　各污染物控制装置对 SO_3 的脱除效率

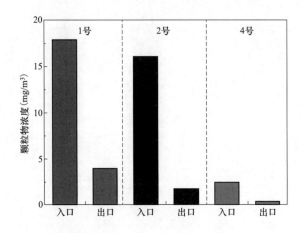

图 9-28　机组湿式电除尘器前后颗粒物浓度（满负荷运行）

表 9-1　　　　　　　　干式、湿式静电除尘器技术指标差异

技术指标	干式静电除尘器	湿式静电除尘器
处理烟气温度	121～454℃	48～54℃
处理烟气湿度	<10%	100%

技术指标	干式静电除尘器	湿式静电除尘器
烟气流速	~1.5m/s	~3m/s
处理时间	>10s	~1~5s
飞灰比电阻	显著影响	无影响
二次扬尘	有	无
电极材料	低碳钢	合金、导电玻璃钢、纤维织物等

10

烟气污染物协同脱除的技术展望

10.1　总　　结

在"双碳"背景下，全国能源网络面临着前所未有的调峰压力，而在我国发电结构中火电机组承担主要的调峰任务。"双碳"目标的政策导向增加了原有火电机组的变工况调峰需求，同时也在一定程度上加剧了烟气污染物排放问题，对此，大力探索火电机组烟气污染物协同脱除技术成为了各发电企业争相尝试的重要内容。对于火电机组的烟气污染物的生成与控制，在燃烧调控方面，关键问题在于通过燃烧器调控达到降低 NO_x 的效果，而在调质调控方面，各燃烧技术都具有一定的适用性，而其重点在于固体燃料组分掺混调控抑制各污染物生成机理。更值得关注的是，协同脱除技术在火电机组烟气污染物脱除中具有较好的应用前景，其本质是在一个设备内同时脱除两种及以上烟气污染物，或为下一流程设备脱除污染物创造有利条件。

10.2　展　　望

污染物协同脱除是目前控制烟气污染物的热门研究方向，现如今趋势普遍采取多级脱除污染物的形式，但其系统过于复杂、成本投入过高。因此研究及应用烟气污染物协同脱除技术还有较好的发展前景，学者们不断寻找着更加简化的工艺系统、降低治理成本的方式。其中，烟气污染物协同脱除技术研发存在以下潜在方向：

（1）组分调控。通过固体燃料的多组分调质实现对烟气污染物的综合降低。其中考虑的内容主要包括：

1）固体燃料类型，不同种类固废掺混后导致其热值、含水率、固废元素组成（Cl、C、S、N 等）等因素发生改变从而影响有机污染物的生成。合理的固体燃料组成可以在根源上减少污染物排放的种类或排放量，对污染物协同脱除具有重要意义。

2）调质掺混的比例，合理的调质配比，会更加科学化，可以提高污染物协同脱除的整体效率。

3）生物质，生物质作为可再生的、二氧化碳中性的煤炭替代品，在热能和电力生产方面受到越来越多的关注。

（2）催化剂的改性。污染物协同脱除技术对不同污染物脱除的原理和效果存在差异。目前对催化剂的改性还处在研发范畴，需要深入探究适用于多污染物脱除且具有更高脱除效率的催化剂，从本质上实现多污染物的一体化脱除，提出更有效、更合理的一体化脱除解决方案，努力实现相互促进、共同脱除。

（3）多情景策略调控。现存污染物协同脱除技术在某些发电厂中缺少实践应用，应当多和实际烟气特性深入研究，对此提出了多情景策略调控，通过分段性控制策略来进行污染物减排。其中考虑的内容主要包括：

1）温度区间。不同的污染物存在各自的最适脱除温度区间，通过对脱除温度进行分段控制，提高整体污染物协同脱除的效率。

2）工作原理。不同的污染物协同脱除技术对不同污染物脱除的原理和效果存在差异，可能有相交反应的可能，对其中存在竞争与阻碍现象的污染物协同脱除过程进行分段性控制。

参 考 文 献

[1] 郭海涛，刘力，王静怡. 2020 年中国能源政策回顾与 2021 年调整方向研判 [J]. 国际石油经济，2021，29（02）：53-61.

[2] 刘晓龙，崔磊磊，李彬，等. 碳中和目标下中国能源高质量发展路径研究 [J]. 北京理工大学学报（社会科学版），2021，23（03）：1-8.

[3] 高虎. "双碳"目标下中国能源转型路径思考 [J]. 国际石油经济，2021，29（03）：1-6.

[4] 黄畅，张攀，王卫良，等. 燃煤发电产业升级支撑我国节能减排与碳中和国家战略 [J]. 热力发电，2021，50（04）：1-6.

[5] 徐静颖，卓建坤，姚强. 燃煤有机污染物生成排放特性与采样方法研究进展 [J]. 化工学报，2019，2823-2834.

[6] 姜延灿，邓彤天，张颖，等. 600MW 火电机组低负荷调峰的经济运行方式分析 [J]. 汽轮机技术，2015，61-64.

[7] ZHU J，ZHANG X，CHEN W，et al. Electrostatic precipitation of fine particles with a bipolar pre-charger [J]. Journal of Electrostatics，2010.

[8] 武宝会，李帅英，牛国平，等. 燃煤机组烟气污染物协同脱除技术及应用 [J]. 热力发电，2017，103-107.

[9] 张绪辉，杨兴森，辛刚，刘科，崔福兴，赵中华. 燃煤火电机组深度调峰运行试验 [A]. 洁 净煤技术，2022（4）：144-150.

[10] 马大卫，王正风，何军，等. 安徽煤电深度调峰下机组煤耗和污染物排放特征研究 [A]. 华电技术，2019：1-7.

[11] 张双平，李冰心，赵凯，等. 660MW 机组升负荷对脱硝及除尘影响研究 [J]. 工程热物理学报，2017.

[12] 董玉亮，袁家海，马丽荣. 面向灵活性发电的燃煤机组大气排放特性分析 [J]. 发电技术，2018：425-432.

[13] 史晓宏，刘俊，廖海燕，等. 燃煤电厂烟气中挥发性有机物的分布规律及排放特性研究 [J]. 环境污染与防治，2021：405-410.

[14] 符鑫杰，李涛，班允鹏，王新建. 垃圾焚烧技术发展综述 [J]. 中国环保产业，2018，（08）：56-59.

[15] 林欢. 生活垃圾焚烧发电烟气净化工艺的研究及应用 [J]. 中国环保产业，2019（03）：42-45.

[16] 王金星. 烟气脱汞技术研究现状与展望 [J]. 华北电力大学学报（自然科学版），2020，47（01）：104-110.

[17] 赵毅，韩立鹏. 超低排放燃煤电厂低低温电除尘器协同脱汞研究 [A]. 动力工程学报，2019，39（04）：319-324.

[18] 赵毅，韩立鹏. 超低排放燃煤电厂低低温电除尘器协同脱汞研究 [A]. 动力工程学报，2019，39（04）：319-324.

[19] MA Y, QU Z, XU H, et al. Investigation on mercury removal method from flue gas in thepresence of sulfurdioxide [J]. Journal of Hazardous Materials，2014，279：289-295.

[20] 钟犁，肖平，江建忠，郭 涛，梅振锋. 燃煤锅炉氧化协同脱汞试验研究 [A]. 热力发电，2016，45（2）：52-58.

[21] 蒋志浩，杜宇航，邱佳俊，等. 660MW 燃煤机组污染物协同脱除技术的应用 [J]. 发电设备，2021：167-171.

[22] 王烁，王玮，李治国，等. SNCR 脱硝技术应用的要点及探索 [J]. 价值工程，2019：191-193.

[23] 张焕亨. PNCR 脱硝技术及其试验研究 [J]. 锅炉技术，2021：65-68.

[24] 蒋奕锋，王家伟，汪涛，等. 1000MW 超低排放燃煤机组湿法脱硫和湿式电除尘运行性能及废水排放工艺研究 [J]. 现代化工，2021：324-327.

[25] 付瑞超，罗春欢，苏庆泉. 钙基半干法燃煤烟气脱硫技术的影响因素 [J]. 环境工程学报，2022：1248-1255.

[26] 鲁晓强，鲁韵. 电厂锅炉脱硫脱硝及烟气除尘技术 [J]. 电力设备管理，2021：114-116.

[27] 宋晓刚，刘琦. 炉内石灰石脱硫技术在大型循环流化床锅炉的应用 [J]. 吉林电力，2013：14-16.

[28] 李津津，陈扉然，马修卫，等. 燃煤有机污染物排放及其控制技术研究展望 [J]. 化工进展，2019：5539-5547.

[29] 李津津，陈扉然，马修卫，等. 燃煤有机污染物排放及其控制技术研究展望 [J]. 化工进展，2019：5539-5547.

[30] 林国辉，杨富鑫，李正鸿，等. 燃煤机组颗粒物排放特性及其有机成分分析 [J]. 洁净煤技术，2022：145-151.

[31] 王宏亮，许月阳，薛建明，等. 燃煤机组烟气汞污染物全过程综合控制技术研究 [J]. 电力科技与环保，2020（36）：18-22.

[32] 李洋，刘芳琪，周俊波，等. 1000MW 超低排放燃煤机组 SCR 和 LLT-ESP 对颗粒物排放特性的影响 [J]. 煤炭转化，2022，45（03）：71-79.

[33] 王岳. 热源厂燃煤烟尘低排放控制技术研究 [J]. 建筑技术开发，2022，45（03）：71-79.

[34] 安恩政，何仙平. 探究电厂锅炉脱硫脱硝及烟气除尘技术 [J]. 天津化工，2021，35（01）：83-85.

[35] 曾燚林. 燃煤电站锅炉烟气污染物一体化协同治理技术 [J]. 中小企业管理与科技（下旬刊），2018（05）：184-185.

[36] 杜勇博，张井坤，笪耀东，刘学敏，车得福. 高原锅炉燃料燃烧和烟气特性的研究与进展 [J]. 工业锅炉，2020（05）：1-6. DOI：10.16558/j.cnki.issn1004-8774.2020.05.001.

[37] 张志勇，莫华，王猛，帅伟.600MW 燃煤机组烟气污染物控制研究 [J]. 中国电力，2022，55（05）：204-210.

[38] 岳朴杰，孟磊，王长清，谷小兵，白玉勇，彭娅，杨晴. 300MW 燃煤电厂生命周期排放气态有机污染物环境影响 [J]. 洁净煤技术，2022，28（05）：173-181. DOI：10.13226/j.issn.1006-6772.21041402.

[39] 徐静颖，卓建坤，姚强。燃煤有机污染物生成排放特性与采样方法研究进展 [J]. 化工学报，2019，70（08）：2823-2834.

［40］李守原，侯勇，李津津，杨林军. 燃煤有机污染物吸附控制技术研究展望［J］. 现代化工，2021，41（10）：14-18. DOI：10.16606/j.cnki.issn0253-4320.2021.10.004.

［41］左朋莱，王晨龙，佟莉，等. 小型燃煤机组烟气重金属排效特征研究［J］. 环境科学研究，2020.

［42］张翼，叶云云，顾永正，等. 1000MW 超超临界燃煤机组汞排放特征［J］. 中国电机工程学报，2021.

［43］孟磊. 超低排放燃煤火电机组汞排放特性研究［J］. 中国环保产业，2019.

［44］王翔，王述浩，段璐，等. 相变凝聚器内湿烟气核化特性模拟研究［J］. 中国电机工程学报，2020.

［45］翁卫国，周灿，王丁振. 1000MW 燃煤机组变负荷条件下颗粒物排放持续研究［J］. 能源工程，2018.

［46］李洋，罗林，吴建群，等. 1000MW 燃煤机组负荷变化对颗粒物排放特性影响［J］. 洁净煤技术. 2021.

［47］樊泉桂. 锅炉原理［M］. 北京：中国电力出版社，2013.

［48］邢菲，樊未军，崔金雷，邓元凯. 某 200MW 四角切圆锅炉燃烧器改造降低 NO_x 数值模拟［J］. 热能动力工程，2007（05）：534-538+579.

［49］宋民航，黄云，黄骞，李水清. 旋流煤粉燃烧器低负荷稳燃技术探讨［J］. 中国电机工程学报，2021，41（13）：4552-4566.DOI：10.13334/j.0258-8013.pcsee.210311.

［50］白凤娟，王永英. 低 NO_x 煤粉燃烧器技术研究进展［J］. 煤质技术. 2018（02）：42-47.

［51］阎维平. 洁净煤发电技术［M］. 北京：中国电力出版社，2008.

［52］钱召刚. 双尺度超低 NO_x 燃烧技术改造分析及应用［D］. 华北电力大学（北京），2017.

［53］西安热工研究院. 火电厂烟气污染物超低排放技术［M］. 北京：中国电力出版社，2016.

［54］沈涛，宋民航，夏良伟，黄莺，路丕思. 中心富燃料直流煤粉燃烧器燃烧及 NO_x 生成特性［J］. 洁净煤技术，2022，28（04）：151-159.

［55］沈涛，宋民航，夏良伟，黄莺，路丕思. 中心富燃料直流煤粉燃烧器燃烧及 NO_x 生成特性［J］. 洁净煤技术，2022，28（04）：151-159.

［56］刘鹏宇，李德波，刘彦丰，等. 低 NO_x 旋流燃烧器冷态动力场数值模拟研究［J］. 广东电力，2022，35（01）：118-126.

［57］严万军，曹亮，房凡，等. W 火焰锅炉低氮燃烧控制机理研究［J］. 热力发电，2014，43（12）：61-65.

［58］徐静颖，朱鸿玮，徐义书，于敦喜. 燃煤电站锅炉氨燃烧研究进展及展望［J］. 华中科技大学学报（自然科学版），2022，50（07）：55-65.

［59］边志坚，王金华，赵浩然，等. 氨/氢气湍流预混火焰传播特性实验研究［J］. 燃烧科学与技术，2020，26（06）：551-557.

［60］王一坤，邓磊，王涛，等. 大比例掺烧 NH_3 对燃煤机组影响分析［J］. 洁净煤技术，2022，28（03）：185-192.

［61］SARANTUYAA Zandaryaa，RENATO Gavasci. Nitrogen oxides from waste incineration：control by selective non catalytic reduction ［J］. Chemosphere，2001，42：491-497.

［62］穆进章. 300MW 煤、气混烧发电锅炉燃烧调整及能耗研究［D］. 华北电力大学（北京），2010.

［63］朱京冀，徐义书，徐静颖，等. 掺烧氨燃料对煤挥发分火焰特性及颗粒物生成的影响［J/OL］. 发

电技术：1-10.

[64] 徐静颖，朱鸿玮，徐义书，于敦喜．燃煤电站锅炉氨燃烧研究进展与展望[J]．华中科技大学学报（自然科学版），2022，50（07）：55-65.

[65] 王一坤，邓磊，王涛，等．大比例掺烧 NH_3 对燃煤机组影响分析[J]．洁净煤技术，2022，28（03）：185-192.

[66] 国家发改委，国家能源局．《能源技术革命创新行动计划（2016—2030 年）》[EB/OL]，[2021-10-20]．http://www.gov.cn/xinwen/2016-06/01/5078628/files/d30fbe1ca23e45f3a8de7e6c563c9ec6. pdf.

[67] 徐静颖，朱鸿玮，徐义书，于敦喜．燃煤电站锅炉氨燃烧研究进展与展望[J]．华中科技大学学报（自然科学版），2022，50（07）：55-65.

[68] NAGATANIIHIT．Development of co-firing methodof pulverized coal and ammonia to reduce greenhouse gas emissions [J]．IHI Engineering Review，2020，53（1）：1-10.

[69] NAKATSUKA N，FUKUI J，TAINAKA K，et al．Detailed observation of coal-ammonia co-combustion processes [R/OL].

[70] XIA Y，HADI K，HASHIMOTO G，et al．Effect of ammonia/oxygen/nitrogen equivalence ratio on spherical turbulent flame propagation of pulverized coal/ammonia co-combustion [J]．Proceedings of the Combustion Institute，2021，38（3）：4043-4052.

[71] 王一坤，邓磊，常根周，柳宏刚，吕凯，聂鑫，张广才．生物质气参数对燃煤耦合生物质发电机组影响研究[J]．热力发电，2021，50（03）：34-40.

[72] Ammonia Energy News．Chugoku electric completes successful trial，seeks patent for ammonia co firing technology [EB/OL]．（2017－09－28）[2021－11－13].

[73] FAN W，WU X，GUO H，et al．Experimental study on the impact of adding NH_3 on NO production in coal combustion and the effects of char，coal ash，and additives on NH_3 reducing NO under high temperature [J]．Energy，2019，173：109-120.

[74] ZHANG J，ITO T，ISHII H，et al．Numerical investigation on ammonia cofiring in a pulverized coal combustion facility：Effect of ammonia cofiring ratio [J]．Fuel，2020，267：117166.

[75] 袁金燕，王佩佩，阮晨杰，等．NH_3/煤粉混合燃烧及 NO_x 生成特性研究[C]//．第十一届全国能源与热工学术年会论文集．[出版者不详]，2021：524-530. DOI：10.26914/c.cnkihy. 2021.011718.

[76] 汪鑫，陈钧，范卫东．燃煤电站锅炉掺氨燃烧与排放特性综述[J]．洁净煤技术，2022，28（08）：25-34.DOI：10.13226/j.issn.1006-6772.LH22070101.

[77] 时浩，吕杨，谭更彬.天然气管道掺氢输送可行性探究[J]．天然气与石油，2022，40（04）：23-31.

[78] 聂梓杏．燃煤锅炉掺烧化工尾气及低氮燃烧改造研究[D]．华中科技大学，2021．DOI：10.27157/d.cnki.ghzku.2021.001398.

[79] 梁占伟，陈鸿伟，赵争辉，张梅有．掺烧煤气协同分级配风对锅炉热量分配的影响[J]．动力工程学报，2018，38（03）：182-187+210.

[80] 聂梓杏．燃煤锅炉掺烧化工尾气及低氮燃烧改造研究[D]．华中科技大学，2021.DOI：10. 27157/d.cnki.ghzku.2021.001398.

［81］宋乐连．电站锅炉氢气掺烧回收利用［J］．中国新技术新产品，2016（05）：60.

［82］贾培英，殷亚宁．300MW 煤粉锅炉掺烧氢气的应用研究［J］．电站系统工程，2016，32（02）：
37-38.

［83］华意国，骆富杰．石化装置富氢尾气掺烧技术应用［J］．能源研究与利用，2021（05）：53-56.
DOI：10.16404/j.cnki.issn1001-5523.2021.05.012.

［84］SHADRIN，E. Yu，et al. Coal-water slurry atomization in a new pneumatic nozzle and combustion in
a low-power industrial burner. *Fuel*，2021，303：121182.

［85］KURGANKINA，M. A.；NYASHINA，G. S.；STRIZHAK，P. A. Prospects of thermal power plants
switching from traditional fuels to coal-water slurries containing petrochemicals. *Science of The Total
Environment*，2019，671：568-577.

［86］LI，Qiang，et al. A mathematic model based on eDLVO and Lifshitz theory calculating interparticle
interactions in coal water slurry. *Fuel*，2022，316：123271., LI，Qiang，et al. Model to predict packing
efficiency in coal water slurry：Part1 construction and verification. *Fuel*，2022，318：123345.

［87］李强．颗粒特性和颗粒间作用对煤成浆性的影响［D］．清华大学，2021.

［88］马玉峰，李建强，万启科，等．水煤浆燃烧技术及其发展［J］．洁净煤技术，2003，9（3）：6.

［89］HONG，Feng；YAN，Guodong；GAO，Mingming. The operation control and application of CFB
boiler unit with high blending ratio of coal slurry. *Control Engineering Practice*，2019，85：80-89.

［90］王丽娟．精细水煤浆工业锅炉燃烧效率研究［J］．机电信息，2019（27）：2.

［91］SHADRIN，E. Yu，et al. Coal-water slurry atomization in a new pneumatic nozzle and combustion
in a low-power industrial burner. *Fuel*，2021，303：121182.

［92］薄煜．水煤浆旋风炉高温低灰燃烧试验及模拟研究［D］．浙江大学，2013.

［93］KE，Xiwei，et al. Prediction and minimization of NO_x emission in a circulating fluidized bed combustor：
A comprehensive mathematical model for CFB combustion. *Fuel*，2022，309：122133.

［94］CAI，Runxia，et al. Development and application of the design principle of fluidization state specification in
CFB coal combustion. *Fuel Processing Technology*，2018，174：41-52.

［95］李瑞国，王洪敏，毛健雄．燃煤供热锅炉如何实现低成本超低排放［J］．热电技术，2018（3）：4.

［96］KE，Xiwei，et al. Application of ultra-low NO_x emission control for CFB boilers based on theoretical
analysis and industrial practices. *Fuel Processing Technology*，2018，181：252-258.

［97］成志建，翟永军．70MW 超低排放燃煤水煤浆循环流化床锅炉开发［J］．工业锅炉，2018（2）：4.

［98］包绍麟，宋国良，傅海涛，等．70MW 水煤浆循环流化床热水锅炉的设计与运行［J］．工业锅炉，
2020（5）：4.

［99］DMITRIENKO，Margarita A.；STRIZHAK，Pavel A. Coal-water slurries containing petrochemicals
to solve problems of air pollution by coal thermal power stations and boiler plants：An introductory
review. *Science of the total environment*，2018，613：1117-1129.

［100］李毅，杨公训，高松．水煤浆锅炉的发展及现状［J］．热能动力工程，2007，22（6）：583-585.

［101］梁兴．高效煤粉工业锅炉与水煤浆工业锅炉的对比分析［J］．洁净煤技术，2012，18（5）：4.

［102］易威，郎东锋，王坚伟．水煤浆锅炉前景展望［J］．甘肃水利水电技术，2012，48（8）：2.

[103] LIU, Jianzhong, et al. An investigation on the rheological and sulfur-retention characteristics of desulfurizing coal water slurry with calcium-based additives. Fuel processing technology, 2009, 90.1: 91-98.

[104] 张传名，柳学桂. 低挥发分水煤浆在电站锅炉上的应用及经济评价 [J]. 煤质技术，2009（B06）：5.

[105] 翁卫国，周俊虎，杨卫娟，等. 220t/h 水煤浆锅炉 NO_x 排放特性的研究 [J]. 浙江大学学报（工学版），2006，40（008）：1439-1442.

[106] ZHANG, Tong；ZHANG, Xianchen. Application Research on deep recovery and utilization technology of flue gas waste heat of coal water slurry boiler. In: IOP Conference Series: Earth and Environmental Science. IOP Publishing, 2020. p. 012011.

[107] 汪文哲，罗俊伟，朱文兵，等. 低氮燃烧技术在 260t/h 水煤浆锅炉上的设计和应用 [J]. 技术与市场，2018，25（2）：1.

[108] 严心浩. 670t/h 水煤浆锅炉低 NO_x 燃烧技术应用 [J]. 发电设备，2008，022（002）：180-181.

[109] 成志建，翟永军. 70MW 超低排放燃水煤浆循环流化床锅炉开发 [J]. 工业锅炉，2018（2）：4.

[110] 孙国云，宋晓娜. 新型水煤浆循环流化清洁燃烧技术节能效果研究 [J]. 洁净煤技术，2019（S2）：40-42.

[111] HE, Qihui, et al. The utilization of sewage sludge by blending with coal water slurry. *Fuel*, 2015, 159：40-44.

[112] 严伟，何绪庆. 污泥-煤泥混合水煤浆在循环流化床内焚烧的实验研究 [C] //全国染整可持续发展技术交流会. 2014.

[113] 吴植华，严伟，张艳峰，等. 印染污泥水煤浆在循环流化床中燃用可有效地抑制二恶英的生成和排放 [C] // 2014 全国染整可持续发展技术交流会. 2014.

[114] 黎贤达. 300MW 锅炉半焦煤粉掺混的燃烧过程及 NO_x 排放的数值模拟 [D]. 哈尔滨工业大学，2019.DOI：10.27061/d.cnki.ghgdu.2019.003250.

[115] 李凡，赵小盼，乔晓磊，金燕. 某 600MW 煤粉锅炉掺混污泥 NO_x 排放特性数值模拟研究 [J]. 电站系统工程，2021，37（04）：7-11.

[116] 高薪，胡志洁，刘猛. 废弃离子交换树脂与煤粉掺混的燃烧及污染物排放特性研究 [J]. 锅炉技术，2017，48（06）：72-78.

[117] 张鑫. 兰炭替代无烟煤高效清洁利用的研究. 洁净煤技术，2015（3）：103-106.

[118] 巩志强. 低阶煤热解半焦的燃烧特性和 NO_x 排放特性试验研究 [D]. 中国科学院研究生院（工程热物理研究所），2016.

[119] 彭暄格. 基于低阶煤热解半焦工业利用的燃烧特性研究 [D]. 浙江大学，2020.DOI：10.27461/d.cnki.gzjdx.2020.000138.

[120] 陈登科，彭政康，闫永宏，孙刘涛，孙锐. 不同一次风浓淡比下半焦与烟煤混燃热态实验研究. 动力工程学报，2020，40（8）：605-613.

[121] 李斌，姚大林，潘富停，尹金亮. 燃用低质煤对电厂综合影响分析 [J]. 节能，2017，36（07）：30-33.

［122］ 胡顺轩.低质煤的粒度调控和界面修饰及成浆性研究［D］.哈尔滨工业大学，2021.DOI：10.27061/d.cnki.ghgdu.2021.000327.

［123］ 赵宁，刘东，赵锰锰，张智琛，项在金.陕北低阶烟煤回转热解反应特性［J］.中国石油大学学报（自然科学版），2019，43（03）：167-175.

［124］ 付宇，王政，姜新明，郑伟.低质煤掺配掺烧后协调控制系统优化［J］.东北电力技术，2019，40（10）：51-53.

［125］ 杨根盛，李忠，杨定华，张大龙.煤粉预热燃烧原理分析与实验研究［J］.锅炉制造，2014（01）：6-9+13.

［126］ 王燕.电石生产主要固体废弃物综合利用研究［D］.北京化工大学，2016.

［127］ 闻猛，张凡.燃煤锅炉再燃技术烃根浓度对 NO_x 还原的影响［J］.技术与市场，2022，29（07）：109-111.

［128］ 刘学炉.电石生产固体废弃物在流化床中燃烧特性研究［J］.山东化工，2021，50（10）：275-277.

［129］ 柴兴峰.硫铁矿影响二恶英生成的试验研究及医疗垃圾焚烧炉灰渣中二恶英分布特性［D］.浙江大学，2008.

［130］ PingLi，DonaldEMiser，ShahryarRabiei，RamkuberTYadav，MohammadRHajaligol.Theremovalofcarbonmonoxidebyironoxidenanoparticles［J］.AppliedCatalysisB，Environmental，2003，43（2）.

［131］ 沈道江.医疗废物回转窑热解焚烧处置研究［D］.浙江大学，2005.

［132］ 解海卫，张艳，张于峰.生物质与城市生活垃圾混烧特性的实验研究［J］.热能动力工程，2010，25（03）：340-343+361-362.

［133］ 赵中华，张绪辉，张利孟，等.燃煤循环流化床锅炉掺烧生活垃圾研究综述［J］.山东电力技术，2021，48（06）：64-67.

［134］ LiYongling，XingXianjun，XuBaojie，XingYongqiang，ZhangXuefei，YangJing，XingJishou.EffectoftheParticleSizeonCo-combustionofMunicipalSolidWasteandBiomassBriquetteunderN2/O2andCO2/O2Atmospheres［J］.Energy&Fuels，2017，31（1）.

［135］ 谢丰，王云刚，颜枫，等.生活垃圾焚烧过程中二噁英抑制剂研究进展［J］.环境工程，2022，40（07）：222-231+247.DOI：10.13205/j.hjgc.202207031.

［136］ 张蓓，张小平，孟晶，等.城市生活垃圾与工业有机固废协同处置中有机污染物生成特征及控制技术［J］.环境化学，2022，41（05）：1809-1823.

［137］ 石谊双.硫对垃圾焚烧过程中二噁英生成的抑制作用的研究［D］.浙江大学，2005.

［138］ 吕家扬，林颖，蔡凤珊，等.市政污泥与生活垃圾协同焚烧的二噁英排放特征及毒性当量平衡［J］.华南师范大学学报（自然科学版），2020，52（05）：31-40.

［139］ 殷仁豪.生活垃圾气化产气燃烧过程中二噁英和 NO_x 协同控制的实验研究［D］.上海交通大学，2017.DOI：10.27307/d.cnki.gsjtu.2017.000017.

［140］ 许鹏，周品，柏寄荣，等.二噁英形成机理研究进展［J］.中国资源综合利用，2022，40（06）：100-111.

［141］ 马永贵.影响生活垃圾焚烧厂二噁英排放的因素分析［J］.广东化工，2022，49（05）：120-122.

［142］ 张蓓，张小平，孟晶，李倩倩，苏贵金，史斌，刘熙会，龙吉生，白力.城市生活垃圾与工业

有机固废协同处置中有机污染物生成特征及控制技术［J］. 环境化学, 2022, 41（05）: 1809-1823.

［143］Xu JC, Liao YF, Yu ZS, Cai ZL, Ma XQ, Dai MQ, et al. Co-combustion of paper sludge in a 750t/d waste incinerator and effect of sludge moisture content: A simulation study［J］. Fuel 2018; 217: 617-25.

［144］吕家扬, 林颖, 蔡凤珊, 等. 市政污泥与生活垃圾协同焚烧的二噁英排放特征及毒性当量平衡［J］. 华南师范大学学报（自然科学版）, 2020, 52（05）: 31-40.

［145］张蓓, 张小平, 孟晶, 李倩倩, 苏贵金, 史斌, 刘熙会, 龙吉生, 白力. 城市生活垃圾与工业有机固废协同处置中有机污染物生成特征及控制技术［J］. 环境化学, 2022, 41（05）: 1809-1823.

［146］Sander B. Properties of Danish Biofuels and the Requirements for Power Production［J］. Biomass Bioenergy 1997; 12: 177–83.］［Chen W, Yang H, Chen Y, Li K, Xia M, Chen H. Inffuence of Biochar Addition on Nitrogen Transformation during Copyrolysis of Algae and Lignocellulosic Biomass［J］. Environ Sci Technol 2018; 52: 9414-521.

［147］Razmjoo, N.; Sefidari, H.; Strand, M. Measurements of Temperature and Gas Composition within the Burning Bed of Wet Woody Residues in a 4MW Moving Grate Boiler［J］. Fuel Process. Technol. 2016, 152, 438-445.

［148］Yin C, Rosendahl LA, Kaer SK. Grate-ffring of biomass for heat and power production［J］. Prog Energ Combust 2008; 34（6）: 725-54.

［149］Mahmoudi, A. H.; Besseron, X.; Hoffmann, F.; Markovic, M.; Peters, B. Modeling of the Biomass Combustion on a Forward Acting Grate Using XDEM. Chem［J］. Eng. Sci. 2016, 142, 32.

［150］Wissing, F.; Wirtz, S.; Scherer, V. Simulating Municipal Solid Waste Incineration with a DEM/CFD Method - Influences of Waste Properties, Grate and Furnace Design［J］. Fuel 2017, 206, 638-656.

［151］Kær, S. K. Numerical Modelling of a Straw-Fired Grate Boiler［J］. Fuel 2004, 83（9）, 1183-1190.

［152］Yang, Y. B.; Goh, Y. R.; Zakaria, R.; Nasserzadeh, V.; Swithenbank, J. Mathematical Modelling of MSW Incineration on a Travelling Bed［J］. Waste Manage. 2002, 22（4）, 369-380.

［153］Anqi Zhou, Hongpeng Xu, Wenming Yang, Yaojie Tu, Mingchen Xu, Wenbin Yu, Siah Keng Boon, Prabakaran Subbaiah. Numerical study of biomass grate boiler with coupled time-dependent fuel bed model and computational fluid dynamics based freeboard model. Energy & fuels, 2018, 32（9）: 9493-9505.

［154］Anqi Zhou, Hongpeng Xu, Wenming Yang, Yaojie Tu, Mingchen Xu, Wenbin Yu, Siah Keng Boon, Prabakaran Subbaiah. Numerical study of biomass grate boiler with coupled time-dependent fuel bed model and computational fluid dynamics based freeboard model. Energy & fuels, 2018, 32（9）: 9493-9505.

［155］Saastamoinen, J. J.; Taipale, R.; Horttanainen, M.; Sarkomaa, P. Propagation of the Ignition Front in Beds of Wood Particles［J］. Combust. Flame 2000, 123（1-2）, 214-226.

［156］Bryden, K. M.; Ragland, K. W.; Rutland, C. J. Modeling Thermally Thick Pyrolysis of Wood. Biomass Bioenergy 2002, 22（1）, 41-53.

［157］Goh, Y. R.; Yang, Y. B.; Zakaria, R.; Siddall, R. G.; Nasserzadeh, V.; Swithenbank, J.

Development of an Incinerator Bed Model for Municipal Solid Waste Incineration [J]. Combust. Sci. Technol. 2001, 162 (1-6), 37-58.

[158] Wang, J. Zhao, H, Pyrolysis. Kinetics of perfusiori tubes wnder non-isothermal anol is other mal londitins [J]. Energy Conversion and Man yement. 2015, 106:1048-1056.

[159] Yang, Y. B.; Yamauchi, H.; Nasserzadeh, V.; Swithenbank, J. Effects of Fuel Devolatilisation on the Combustion of Wood Chips and Incineration of Simulated Municipal Solid Wastes in a Packed Bed [J]. Fuel 2003, 82 (18), 2205-2221.

[160] Khodaei, H.; Al-Abdeli, Y. M.; Guzzomi, F.; Yeoh, G. H. An Overview of Processes and Considerations in the Modelling of FixedBed Biomass Combustion [J]. Energy 2015, 88, 946-972.

[161] Vafai, K.; Sozen, M. Analysis of Energy and Momentum Transport for Fluid Flow Through a Porous Bed [J]. J. Heat Transfer1990, 112 (3), 690.

[162] Anqi Zhou, Hongpeng Xu, Wenming Yang, Yaojie Tu, Mingchen Xu, Wenbin Yu, Siah Keng Boon, Prabakaran Subbaiah. Numerical study of biomass grate boiler with coupled time-dependent fuel bed model and computational fluid dynamics based freeboard model. Energy & fuels, 2018, 32 (9): 9493-9505.

[163] Anqi Zhou, Hongpeng Xu, Xiaoxiao Meng, Wenming Yang, Rui Sunc. Numerical investigation of biomass co-combustion with methane for NO_x reduction. Chemical Engineering Journal. 2021, 405, 126604.

[164] X. Meng, R. Sun, T.M. Ismail, M.A. El-Salam, W. Zhou, R. Zhang, X. Ren. Assessment of primary air on corn straw in a fixed bed combustion using Eulerian-Eulerian approach.Energy, 151 (2018), pp. 501-519.

[165] Ren Q, Zhao C. Evolution of fuel-N in gas phase during biomass pyrolysis [J]. Renew Sustain Energy Rev 2015; 50; 408e18.

[166] Alganash B, Paul MC, Watson IA. Numerical investigation of the heterogeneous combustion processes of solid fuels. Fuel 2015; 141. doi: 10.1016/j.fuel.2014.10.060.

[167] Chen W, Smoot LD, Fletcher TH, Boardman RD. A computational method for determining global fuel-NO rate expressions. Part 1. Energy and Fuels 1996; 10; 1036-45. doi: 10.1021/ef950169b.

[168] Liu H, Gibbs BM. Modelling of NO and N_2O emissions from biomass-fired circulating fluidized bed combustors. Fuel 2002; 81; 271-80. doi: https://doi.org/10.1016/S0016-2361 (01) 00170-3.

[169] Ansys. ANSYS Fluent Theory Guide 2013; 15317; 724e46.

[170] Anqi Zhou Hongpeng Xu*, Mingchen Xu, Wenbin Yu, Zhenwei Li, Wenming Yang. Numerical investigation of biomass co-combustion with methane for NO_x reduction. Energy, 2020, 194, 116868.

[171] Ryu C, Phan AN, Yang Y bin, Sharifi VN, Swithenbank J. Ignition and burning rates of segregated waste combustion in packed beds [J]. Waste Manag 2007; 27; 802e10.

[172] 侯勇, 赵孟亮, 吕浩, 等. 吸附剂喷射耦合除尘系统对燃煤烟气多污染物的协同脱除特性研究 [J]. 应用化工, 2022, 51 (07): 2170-2176.

[173] 赖志华. 烟气环保岛协同脱除多污染物的应用 [J]. 中国环保产业, 2021 (08): 39-41.

[174] 蒋志浩，杜宇航，邱佳俊，刘向民. 660MW 燃煤机组污染物协同脱除技术的应用 [J]. 发电设备，2021，35（03）：167-171.DOI：10.19806/j.cnki.fdsb.2021.03.004.

[175] 狄冠丞，周强，陶信，等. 掺硫介孔炭的制备及其汞脱除特性 [J]. 化工进展，2022，41（05）：2761-2769.DOI：10.16085/j.issn.1000-6613.2021-1086.

[176] 李子良，徐志峰，张溪，等. 有色金属冶炼烟气中单质汞脱除研究现状 [J]. 有色金属科学与工程，2020，11（02）：20-26.DOI：10.13264/j.cnki.ysjskx.2020.02.003.

[177] 张文博，李芳芹，吴江，李和兴. 电厂烟气汞脱除技术 [J]. 化学进展，2017，29（12）：1435-1445.

[178] 陈琳. 改性 SCR 催化剂协同脱除燃煤烟气中 NO 与 VOCs 实验研究 [D]. 华南理工大学，2021.DOI：10.27151/d.cnki.ghnlu.2021.004360.

[179] 刘子红. 改性活性炭纤维协同脱除燃煤烟气中多种污染物的实验及放大研究 [D]. 华中科技大学，2014.

[180] 刘子红，邱建荣，刘豪，等. SO$_2$ 和 NO 对 ACF 低温脱除模拟燃煤烟气中 VOC 的影响 [J]. 燃料化学学报，2012，40（01）：93-99.

[181] 张凤. 浅谈 VOCs 燃烧法处理技术及发展 [J]. 资源节约与环保，2022（03）：99-102.

[182] 段钰锋，朱纯，佘敏，等. 燃煤电厂汞排放与控制技术研究进展 [J]. 洁净煤技术，2019，25（02）：1-17.DOI：10.13226/j.issn.1006-6772.18122010.

[183] 孔德宝，马云峰，王容，等. VO_（x）-MoO_（x）/TiO_（2）催化剂低温催化降解一氯苯及二噁英的研究 [J/OL]. 环境科学研究：1-15 [2022-08-05].

[184] 况敏，杨国华，胡文佳，陈武军. 燃煤电厂烟气脱汞技术现状分析与展望 [J]. 环境科学与技术，2008（05）：66-70.DOI：10.19672/j.cnki.1003-6504.2008.05.018.

[185] 李剑峰，乔少华，晏乃强，等. 用于气态零价汞转化的催化剂研究 [J]. 环境工程学报，2010，4（05）：1143-1146.

[186] 杨颖欣，胡小吐，刘勇，等. 湿法烟气脱硫系统协同脱汞研究进展及优化措施 [J]. 广东化工，2017，44（14）：215-216.

[187] 梁大镁. 湿法脱硫系统协同脱除汞的实验研究 [D]. 华中科技大学，2011.

[188] 竹涛，张星，马名烽，陈扬，等. 气体氛围对低温等离子体协同控制汞和二噁英的影响 [J]. 高电压技术，2019，45（06）：1907-1914.DOI：10.13336/j.1003-6520.hve.20190604029.

[189] 陈正达，施小东，狄耀军，等. 脉冲放电分解垃圾焚烧烟气二噁英的中试研究 [J]. 中国环保产业，2019（3）：33-38.

[190] 阙正斌，李德波，肖显斌，等. 中国垃圾焚烧烟气多污染物协同脱除技术研究进展 [J/OL]. 洁净煤技术：1-16 [2022-10-04].

[191] 王运军，段钰锋，杨立国，等. 燃煤电站布袋除尘器和静电除尘器脱汞性能比较 [J]. 燃料化学学报，2008，36（1）：23-29.

[192] 姜未汀，吴江，任建兴，等. 燃煤飞灰对烟气中汞的吸附转化特性研究 [J]. 华东电力，2011，39（7）：1159-1162.

[193] STOSTROM S. Full-scale evaluation of carbon injection for mercury control at a unit firing high

sulfur oal ［R］. Pittsburgh：DOE/NETL Mercury Control Technology Conference，2006：1-13.

［194］MORRISEA，MORITAK，JIACQ. Understanding the effects of sulfur on mercury capture from coal-fired utility flue gas ［J］. Journal of Sulfur Chemistry，2010，31（5）：31-35.

［195］SHARON S，MARTIND，BRAIND，et al. Influence of SO3 on mercury removal with activated carbon：Full-scale results ［J］. Flue Processing Technology，2009，90：1419-142.

［196］竹涛，张星，马名烽，等. 气体氛围对低温等离子体协同控制汞和二噁英的影响 ［J］. 高电压技术，2019，45（06）：1907-1914.

［197］华晓宇. 基于活性焦改性协同脱除二氧化硫和汞机理研究 ［D］. 浙江大学，2011.

［198］阮长超. 氧化剂协同石灰石湿法烟气脱硫脱汞实验研究 ［D］. 华中科技大学，2017.

［199］杨茹，刁永发. 载银稻壳气化焦脱汞协同脱硫脱硝实验研究 ［J］. 环境工程，2018，36（05）：104-109.DOI：10.13205/j.hjgc.201805022.

［200］曾韵洁. 半干法烟气脱硫协同脱除球团烟气中 SO_3 及 Hg^0 的实验研究 ［D］. 华北电力大学，2019.

［201］钱凯凯. 电化学处理脱硫废水协同去除燃煤烟气零价汞的研究 ［D］. 武汉大学，2020.DOI：10.27379/d.cnki.gwhdu.2020.000347.

［202］刘红芳，周瑞生，姚贵佳，李奇超. ZSM-5 分子筛协同脱硫脱硝脱汞的分子模拟 ［J］. 有色冶金设计与研究，2021，42（02）：34-38.

［203］阙正斌，李德波，肖显斌，刘鹏宇，陈兆立，陈智豪，冯永新. 中国垃圾焚烧烟气多污染物协同脱除技术研究进展 ［J/OL］. 洁净煤技术：1-16 ［2022-10-04］. DOI：10.13226/j.issn.1006-6772.22011002.

［204］王晶，廖昌建，王海波，等. 锅炉低氮燃烧技术研究进展 ［J］. 洁净煤技术，2022，28（02）：99-114.

［205］邓双，刘宇，张辰，等. 基于实测的燃煤电厂 Cl 排放特征 ［J］. 环境科学研究，2014，27（2）：225-231.

［206］蒋威宇. V_2O_5-WO_3/TiO_2 催化剂协同净化 NO_x 与氯代芳香化合物的反应特征与副产物研究 ［D］. 浙江大学.

［207］唐仲恺，段玖祥，魏晗，等. CeO_2-WO_3/TiO_2 同时催化脱除氮氧化物与氯苯研究 ［J］. 热力发电，2022，51（2）：125-131.

［208］于宇雷. $CeWO_x$ 催化剂协同脱除氮氧化物及氯代芳香化合物的催化性能与反应机制研究 ［D］. 浙江大学.

［209］Xu Huang，Zhan Liu，etal. The effect of additives and intermediates on vanadia-based catalyst for multi-pollutant control ［J］. Catalysis Science&Technology，2020，10（2）：323-326.

［210］Gan LN，Li Kz，Xing SC，etal. MnO_x-CeO_2 Catalysts for effective NO_x reduction in the presence of chlorobenzene ［J］. Catalysis Communications. 2018，117：1-4.

［211］杨刚中. 燃煤电厂化学团聚强化除尘协同脱硫废水零排放的研究 ［D］. 华中科技大学，2021.DOI：10.27157/d.cnki.ghzku.2021.001308.

［212］张秋双. 脱硫废水烟道蒸发协同水雾荷电促进颗粒团聚的试验研究 ［D］. 山东大学，2019.

［213］李恒凡，焦世权，韩中合. 脱硫废水烟道蒸发技术的工艺设计 ［J］. 洁净煤技术，2022，28（09）：

154-161.DOI：10.13226/j.issn.1006-6772.21063002.

[214] 杨刚中．燃煤电厂化学团聚强化除尘协同脱硫废水零排放的研究［D］．华中科技大学，2021．
DOI：10.27157/d.cnki.ghzku.2021.001308.

[215] 胡斌．基于脱硫废水烟道蒸发的燃煤烟气 $PM\_$（2.5）/ SO_3/Hg 协同脱除研究［D］．东南大学，
2018．

[216] 杨刚中．燃煤电厂化学团聚强化除尘协同脱硫废水零排放的研究［D］．华中科技大学，2021．
DOI：10.27157/d.cnki.ghzku.2021.001308.

[217] 杨刚中，赵永椿，熊卓，龚本根，高天，张军营．300MW 燃煤电站化学团聚强化除尘协同脱硫
废水零排放的研究［J］．中国电机工程学报，2021，41（15）：5274-5283.DOI：10.13334/j.0258-
8013.pcsee.201797.

[218] 李恒凡，焦世权，韩中合．脱硫废水烟道蒸发技术的工艺设计［J］．洁净煤技术，2022，28（09）：
154-161.DOI：10.13226/j.issn.1006-6772.21063002.

[219] 孙宗康．湍流与化学团聚耦合促进燃煤烟气细颗粒物及 SO_3 脱除研究［D］．东南大学，2021．
DOI：10.27014/d.cnki.gdnau.2021.000049.

[220] 张秋双．脱硫废水烟道蒸发协同水雾荷电促进颗粒团聚的试验研究［D］．山东大学，2019．

[221] 尤良洲，韩倩倩，袁生明，杜振．脱硫废水浓缩液高温烟气直喷蒸发雾化研究及影响分析［J/
OL］．工业水处理：1-13［2022-10-04］．DOI：10.19965/j.cnki.iwt.2022-0716.

[222] 王广建，郭娜娜，刘辉．柴油催化吸附脱硫中活性炭载体改性研究［C］．第八届全国工业催化
技术及应用年会论文集．，2011：236-238.

[223] 金梧凤，刘旺，王志强．改性活性炭吸附甲醛的影响因素研究［J］．化学试剂，2021，43（04）：
417-422.

[224] 李焓．量子化学方法研究几种羟胺盐类化合物的分解机理［D］．南京理工大学，2017．

[225] Chen Bin et al. Quantum chemistry simulation and kinetic analysis of organic nitrogen transfer during
oil shale pyrolysis［J］. Energy，2022，256.

[226] 姜延欢，李国岫，刘星，李洪萌．基于量子化学理论二硝酰胺铵（AND）结构分析及热力学参
数计算［C］．中国化学会第二届全国燃烧化学学术会议论文集．［出版者不详］，2017：44.

[227] 靳邦鑫．基于量子化学方法的抗氧化剂抑制煤过氧自由基机理研究［D］．天津理工大学，2021．
DOI：10.27360/d.cnki.gtlgy.2021.000573.

[228] 徐丹丹．葡萄糖水热向可溶性聚合物转化的量子化学计算研究［D］．东北电力大学，2022.DOI：
10.27008/d.cnki.gdbdc.2022.000007.

[229] Ben Chouikha Islem et al. Quantum chemical study of the reaction paths and kinetics of acetaldehyde
formation on a methanol-water ice model.［J］. RSC advances，2022，12（29）：18994-19005.

[230] 陈志强，车春霞，吴登峰，等．乙炔选择性加氢催化剂研究进展［J/OL］．化工进展：1-18［2022-
09-02］.DOI：10.16085/j.issn.1000-6613.2021-2568.

[231] 吴小强，贺思怡，伍潵慈，等．球状 FeCo 纳米合金制备及氧析出性能研究［J］．成都大学学报
（自然科学版），2021，40（02）：167-172.

[232] 黄礼春，王缠和，周建强，等．费托合成钴基催化剂助剂研究进展［J］．现代化工，2020，40

（09）：56-60+65.DOI：10.16606/j.cnki.issn0253-4320.2020.09.012.

[233] 陈志强，车春霞，吴登峰，等．乙炔选择性加氢催化剂研究进展［J/OL］．化工进展：1-18［2022-09-02］．DOI：10.16085/j.issn.1000-6613.2021-2568.

[234] 吕楚菲．载体的孔道和形貌调控对 Ni 基催化剂催化 CO_2 甲烷化性能影响的研究［D］．南京信息工程大学，2021.DOI：10.27248/d.cnki.gnjqc.2021.000579.

[235] 尉兵．结构调控构筑铜基与碳基催化剂及其电催化还原 CO_2 性能研究［D］．江苏大学，2021.DOI：10.27170/d.cnki.gjsuu.2021.002671.

[236] 李海龙．新型 SCR 催化剂对汞的催化氧化机制研究［D］．华中科技大学，2011.

[237] 常林，杨建平，余学海，等．WFGD 系统中 pH 对 Hg^{2+} 还原释放机理的实验研究［J］．工程热物理学报，2017，38（04）：885-889.

[238] 常林，杨建平，余学海，等．WFGD 系统中 pH 对 Hg^{2+} 还原释放机理的实验研究［J］．工程热物理学报，2017，38（04）：885-889.

[239] 孟宪彬．火力发电厂 NO_x 控制措施及治理效果研究［D］．北京工业大学，2013.

[240] 谢占军．三河电厂烟气除尘方案的研究与实践［D］．华北电力大学，2017.

[241] 苑奇．美国燃煤电厂一体化脱汞技术进展［J］．中国电力，2011，44（11）：50-54.

[242] 苏新．烟气脱硫脱硝技术的现状与发展探讨［J］．皮革制作与环保科技，2022，3（03）：161-162+165.

[243] 梁大镁．湿法脱硫系统协同脱除汞的实验研究［D］．华中科技大学，2011.

[244] 路平，王玉爽，黄志伟，仇汝臣．臭氧法脱硫脱硝工艺设计［J］．现代化工，2017，37（04）：171-174.DOI：10.16606/j.cnki.issn0253-4320.2017.04.042.

[245] 李永生，许月阳，薛建明．630MW 燃煤超低排放机组 SCR 对汞的协同作用研究［J］．动力工程学报，2018，38（11）：914-918.

[246] 周春琼，邓先和．钴络合物体系同时脱硫脱硝实验研究［J］．广西师范大学学报（自然科学版），2007（03）：79-82.